技术简史
技术发展如何影响近代世界

［英］安格斯·布坎南　编著

桃　李　译

中国科学技术出版社
·北　京·

图书在版编目（CIP）数据

技术简史：技术发展如何影响近代世界 /（英）安格斯·布坎南编著；桃李译 .—北京：中国科学技术出版社，2024.10

书名原文：THE ENGINEERING REVOLUTION

ISBN 978-7-5236-0748-0

Ⅰ.①技…　Ⅱ.①安…　②桃…　Ⅲ.①技术史—世界　Ⅳ.① N091

中国国家版本馆 CIP 数据核字（2024）第 094590 号

Original Title: THE ENGINEERING REVOLUTION

Copyright © Angus Buchanan

First published In 2018 by PEN & SWORD BOOKS LIMITED

版权登记号：01-2024-3666

本作品简体中文版由中国科学技术出版社出版发行。未经许可，不得翻印。

策划编辑	彭慧元　高立波	**责任编辑**	彭慧元
封面设计	红杉林文化	**正文设计**	中文天地
责任校对	焦　宁	**责任印制**	徐　飞

出　　版	中国科学技术出版社
发　　行	中国科学技术出版社有限公司
地　　址	北京市海淀区中关村南大街 16 号
邮　　编	100081
发行电话	010-62173865
传　　真	010-62173081
网　　址	http://www.cspbooks.com.cn

开　　本	787mm×1092mm　1/16
字　　数	178 千字
印　　张	13.5
版　　次	2024 年 10 月第 1 版
印　　次	2024 年 10 月第 1 次印刷
印　　刷	北京瑞禾彩色印刷有限公司
书　　号	ISBN 978-7-5236-0748-0 / N·325
定　　价	118.00 元

序

本书是巴斯大学技术史研究组（HOTRU）现任成员的作品。在巴斯大学升格为大学的两年前，该研究组于 1964 年作为布里斯托尔科技学院的技术史中心成立，在五十多年的时间里，该研究组在推动技术史的若干领域的知识方面取得了一些成就，包括蒸汽技术的历史、海上军事的发展、火药的历史、工程专业的出现、工业考古学和工业文物的保护。本书的作者都是 HOTRU 研讨会的成员，他们是研究会的客座学者、罗尔特研究员或当地支持者。在每篇文章的开头，都注明了文章的作者。编者十分感谢同事们的协助和耐心，帮助编纂本书。

技术史是对过去 200 万年，特别是过去 3 个世纪——"高技术"时期——对人类社会的巨大变革作用的描述。强调时期的合理性在于，就物理进步而言，它可以被视为一场"革命"，毫无疑问，与之前几个世纪相对缓慢的进步相比，人类掌握的技术在 1700 年以来的这段时间里得以突飞猛进。然而，这一时期的惊人成就也催生了可怕的新问题，其中诸多问题仍有待解决。因此，当今世界面临着新的挑战，最大的挑战是如何在一个因技术力量而变得危险且不稳定的世界中生存，而人类社会现在只是在慢慢学习如何控制技术。因此，我们在了解这些技术过程中，要学习如何在它们被滥用以致摧毁我们的文明之前将它们指引向良性的创造。

作者的观点立足于英国和欧洲，尽管我们试图将这一技术革命的观点放在全球背景下，并认识到这一主题的世界性影响。由于缺乏专业知识，无法对其在世界大部分地区的发展进行更全面的分析，我们希望尽可能对这一主题的范围提出一个充分和令人满意的概述，至少是作者愿意为任何有兴趣探索技术史的人提供介绍。我们特别想到的是为大学入学做准备的年轻人，当然我们希望它也能得到普通读者的青睐。

遗憾的是，由于准备和出版的延误，我们错过了 2016 年巴斯大学的五十周年庆典，但仍希望这本书能作为我们对庆典的献礼。作为一个从一开始就与大学相伴的研究中心，我们祝贺大学取得了杰出的学术成就，并将本书献给它，以感谢大学这些年来给予我们的支持。同时，希望这本书能给大学未来的技术史相关的教学和研究提供研究基础。

安格斯·布坎南

写于 2018 年 6 月

谨献给

巴斯大学过去和现在的学生及员工，以表彰他们在 1966—2016 年长达五十年的学术成就。

目录

第 1 章

导言——技术的来龙去脉

安格斯·布坎南 / 1

第 2 章

农业：民以食为天

迈克·博恩 / 17

后记：磨

欧文·沃德 / 33

第 3 章

工业和社会的动力

安格斯·布坎南 / 40

第 4 章

结构——建筑和土木工程

斯蒂芬·K.琼斯 / 59

第 5 章

运输I——航运简史

贾尔斯·理查森 / 75

第 6 章

运输II——陆上和海上的蒸汽革命

安格斯·布坎南 / 91

第 7 章

运输III——航空简史

大卫·阿什福德 / 108

第 8 章

现代通信

罗宾·莫里斯 / 121

第 9 章

医学技术史

理查德·哈维 / 132

第 10 章

技术与社会

安格斯·布坎南 / 151

后记：战争与社会

布伦达·布坎南 / 164

第 11 章

技术前景

大卫·阿什福德 / 173

第 12 章

技术遗产

基思·福克纳 / 194

作者简介 / 206

第 1 章

导言——技术的来龙去脉

安格斯·布坎南

技术是人类制造和应用人工制品的过程。获得技术的能力，除了通过本能，像鸟类筑巢，在地球上几乎是人类所独有的。事实上，拥有这种能力是人类的主要特征之一，这使得"技术"至少有 200 万年的历史。在这一漫长时期的大部分时间里，技术技能的发展是极其缓慢和重复的。当气候随着一连串漫长的冰期而变化，海洋的水位上升和下降时，第一次从原始森林中出现的"原始人类"——类人物种在非洲中部的亚热带地区艰难求生。之后，随着距今约 2 万年前最后一个冰河时期的结束，气候变

图 1.1 巨石阵有 4000 年的历史，标志着低科技向中科技的过渡。它的建造者不仅移动和抬起巨大的石头，还将它们加工成形，并组装到一起。（安格斯·布坎南）

得更加温暖，"智人"从与同类对手的长期竞争中脱颖而出，承担起控制环境的艰巨任务，尽管他们还无法体会这一壮举的意义。

"智人"驯服了动物以帮助他们狩猎，改进了前人的粗糙石器，创造出了形状利落的工具和武器，掌握了复杂的语言交流技巧，学会了如何取火和控制火；他们用洞穴壁画来表达自己，在壁画中描绘了他们如何通过狩猎来获取食物，如何用毛皮制作他们的第一件衣服。除了从考古遗迹中寻找他们生活的蛛丝马迹，我们对这些人的生活知之甚少，但我们可以肯定的是他们的坚韧和生存的决心，并将坚韧和决心传递给他们的后代，因为如果没有这些品质，我们就不会在这里惊叹他们在恶劣的环境中取得的成就。

随着人口的增加，"智人"逐步脱离社区，离开非洲中心地带生存。一些人向北迁移，进入具有温和气候的新环境，他们适应新气候和新环境，并在许多代人的努力下继续向北；一些人向东迁移，在东南亚地区定居；另一些人向西迁移，在地中海周围定居，并最终进入欧洲。还有一些人，比如距今约 4 万年前迁入大洋洲的人，由于海平面上升而被迫离群索居，这种几乎静止的生活状态持续了几千年。一些部落穿过阿留申群岛链到达阿拉斯加，向南迁徙，美洲在此后才开始有人居住。可能还有一些人设法用原始的木筏从东面穿越大西洋，但到目前还只是一个猜想。还有一些人，在印度和中国，取得了相对快速的科技进步。然而，对于人类设法在世界陆地表面生存居住，生存斗争仍然是艰巨的而且需要人类贡献自己的力量，控制欲望。

第一阶段：低技术

渐渐地，人类通过改进所使用的工具和武器来增强他们的力量——人类制造工具和做事的能力，从而开始了一个漫长的技术发展过程。尽管新的思想或技术最初一定来自某个个体，但现在无从了解，只能通过考古发现的人工制品来认识他们的集体成就。木头、植物纤维或动物皮制作的任何东西都已消失在漫长的历史长河中，但石制工具的存留为技术技能的发展提供了充分的证据。在最早的人类居住区，天然的石头通过锤击和切割以供使用。在后来的人类定居点，现今遗存的石屑表明人类已经掌握了石头的塑形技术，以用来制造更有效的工具和武器，大概是通过用较硬的石头敲击另一块石头，或通过两块石头的相互摩擦。旧石器时代末期，即距今约 1 万年前，造型利落的石斧和石矛展现了石器加工的高超技巧，有的甚至有手柄或把手的痕迹，如今虽然手柄或把手早已消失。与此同时，更先进的人类群体已经掌握了控制火的技术，这使他们能够拥有更多样和更有营养的饮食，并能够在夜间保温和提高住所的安全性。掌握了这些技术，他们就能够在恶劣的环境中生存，并进行了雄心勃勃的迁徙。

所有这些都是建立在现存的考古证据上的，同时这些证据没有告诉我们关于个人的情况，也没有告诉我们关于这些早期人类群体的社会组织，他们的信仰或者他们如何掌握复杂的语言交流。除了人类在各种不同的条件和气候下掌握了基本的生存技术这一重要事实外，在这大约 200 万年的漫长时间里，我们无法知道更多细节。如果技术是关于制造工具和做事的能力，即这些成就都是通过人类的手脚的力量获得，这是技术历史的第一阶段，即"低技术"主导的时期具有决定性的品质。后来的发展阶段，人类在更短的时间内取得了更多的成就，都是基于漫长的大约 200 万年的试错，人类在一个具有挑战性的环境中建立的基本的生存技术。

在此基础上，我们可以区分技术演变的两个后续阶段：中技术阶段，公元前 2000 年至公元 1700 年，人们获得了利用动物和自然界可补充的动力来源（如风和水）的技术；高技术阶段，1700 年至今，人们利用热力发动机的力量，将燃料燃烧的能量转化为新的制造工具和做事的方式，其规模是以前所无法想象的。下面简要概述技术在这两个时期改变社会的方式。

第二阶段：中技术

巨石阵是历时多年分阶段建造的，公元前 2000 年左右肯定是在建造和使用过程中。考古学上将这一杰出的人类成就视为旧石器时代的低技术向新石器时代的中技术的过渡，巨石阵依靠旧石器时代的大型和组织良好的社会以及对金属的使用技术才得以完成。早期人类社会曾将大石块排列成环形石阵，如威尔特郡的埃夫伯里、苏格兰的卡拉尼什和布列塔尼的卡纳克。在巨石阵中，石头不仅排列成圆，还被打磨以及盖顶，这些石头通过榫卯固定在一起，体现了石头加工技术和工程技能的巨大进步。我们仍然只能猜测石阵的建设是如何实现的，以及建造石阵的目的是什么，我们推测它是为了某种宗教或公共用途。可以肯定的是，巨石阵的建造需要大量高度熟练的工匠和一支劳动者和支持者的队伍。与此同时，在古埃及、苏美尔、古印度和中国已经建立了大型文明社会，这意味着人们的社会组织水平非常高，人口的数量也远远超过了以前西欧的小部落社会。尽管巨石阵的建造者不为人知，但它是西欧的中技术向新阶段过渡的转折点。这种转变的动力可能来自人口的增加，刺激了人类从以狩猎和采集食物为基础的生存方式转变为通过农业技术种植作物和饲养动物（同时包括肉类和奶制品）以获得食物。这意味着人类社会从一个不停寻找更好的猎场的游牧社会过渡到了一个倾向定居的社会，在定居社会中，人们拔除土地上的树木，种植作物作为食物并豢养牲畜。在这样的定居社会中出现了新的职能：曾是猎人的男人承担了耕地的重任，曾从事食物采集的妇女成了厨师。

进一步的职业分化随之而来，一些家庭专门负责研磨玉米和其他谷物，一些家庭专门制作各种烹饪器皿，还有一些人学习了酿造啤酒和蒸馏酒的技能，以及制作衣服和鞋子的技能。随着职业分化和技能水平的提高，生产力显著提高，人口进一步增长，为交换农产品和作为社会控制和防御手段的城镇的兴起，刺激了奢侈品和精制金属加工的进一步专业化。总而言之，与以前的技术发展相比，在很短的时间内，文明应运而生。

文明并非统一发生的，而是在气候得天独厚的温带，有大河浇灌的肥沃土地便于农业和城镇的发展。这种城镇具有文明社会的典型特征，尽管大多数人长期以来一直致力于通过农业和畜牧业来获取食物，但令人满意的城镇生活依赖于以前几乎不存在的技术。这些技术包括度量，这对精确界定财产所有权至关重要；记录个人和各方之间商业交易的模式，以便贸易能够在远距离和长时间内顺利进行；建立一个全民适用的货币体系。所有这些都需要识字和算术方面的技能支持，也成为新社会专业化的重要特性，即能够进行测量和记录的文员阶层。这些文员经常成为神职人员，控制着社会的重要宗教职能，如维护和解释经文和传统，决定节日和公共纪念活动。在中国，他们成为强大的"官宦"阶层，这是一个为君主的统治服务的非世袭管理阶层，需要通过特殊的培训和考试（编者注：科举体系）。

在其他文明中，文员的作用并不明显，但对于社会的顺利运行和运行效率，文员始终是必不可少的。除了主持宗教事务的神职人员外，还产生了诸如管理学、科学和史学等其他重要的专业。文员在管理政府、征收税款、维护法律和秩序方面的行政活动十分繁多，不一一赘述。科学方面，文员们通过积累有关恒星和行星的运动、不同地区的相对生产力、矿产资源的状况，以及许多其他主题的记录，使得对环境的系统研究成为可能。他们对这些信息的利用起初是占星术而不是天文学，但后来为有价值的科学研究——天文学提供了基础。无独有偶，关于材料的性质和所在地信息起初是为炼金术服务的，而不是化学或生物科学，但这些记录为化学或生物学研究提供了现实的起点。因此，在这些最早的文明中，科学毋庸置疑是伴随识字和算术的出现而开始的。

同样地，历史——对过去的系统研究，也是早期文明的产物，文员们不间断记录国王或统治者们在任期间发生的事情，通常能追溯许多代。虽然这种谱系的较早部分往往具有传奇性甚至神话性，但它们仍然是研究者们验证和分析的宝贵信息来源，从而诞生了真正的历史研究。事实上考古学家在过去的两百年里，开发了通过对人类遗骸和人工制品追踪人类痕迹的方法，为历史研究提供了一个新的维度，但这并没有改变对过去的现实性研究只从初始文明开始的假设。

据观察，技术的历史始于距今 200 万年前，而科学和历史的研究仅在距今大约 4000 年前随着文明的诞生才开始，记录者和学者们对技术的严重忽视令人震惊。问题可能在于，到了科学和历史诞生的中技术时代，技术的可观成就被认为是理所当然地从一开始就存在了。因此，早期记录者对过去的浅薄认知意味着他们的工具、武器和技术被看作是既定秩序的一部分，因此不值得被认真研究。此外，这些工艺品通常是已经被视为社会底层的工匠和奴隶的作品，因此不值得被关注。这无疑导致了这些早期学者对技术极度缺乏兴趣，而且他们对待技术不屑一顾的态度延续了好几代。就科学而言，人们可能已经预料到它会像技术一样鲜有问津。科学和技术有很多共同点，并且在很多方面相辅相成，但是由于科学涉及很多思辨思维，对早期记录者的吸引力要比技术更大。然而，科学和技术是密不可分的，例如，当望远镜、显微镜等工具和仪器的诞生和改进为科学发展提供不可估量的价值时，科学也反过来刺激了更多技术的发展。这种相互关系直到高技术时期才变得更加明显，在此之前，科学和技术两个研究领域都趋于保守。

技术在早期文明中存在着重大的进步，这些进步值得载入史册，并佐证了中技术的早期阶段与后期阶段的区别，在中技术的早期阶段中，人和动物的力量是主要动力源，主要完成系统农业中的土地耕作和农田排水；在后期阶段中，人类开始尝试驾驭"自然"动力源，如风和水，逐渐提高生产力和技能。人类对农业的持续投入，经历了相当长时期的发展，各种谷物和其他农作物通过多年的持续筛选和改良得以耕种；牲畜通过选择性繁育和驯化得以养殖，生产工具不断发明和改良，如犁在牛的牵引下为农民的破土和翻土提供巨大帮助，马蹄铁和马颈轭的使用使马能够拉动犁并提高其效率；通过施肥和轮作休耕，探索了保持土壤肥力的方法，所有这些都有助于生产力的逐步提升。人类建造烤炉，实现了部分的可控加热，烹饪技术得到了发展；逐渐掌握了酿造含酒精饮品的技术，并通过蒸馏技术获得了含有浓缩酒精的饮品；陶工逐步掌握了在旋转的轮台上生产制作形状大小不一的烹饪和饮用器皿；轮子本身可能是亚洲新石器时代的发明，以轮

图 1.2 原始的犁地方式。20世纪60—70年代，中国部分地区仍然使用传统的耕作方法，依靠水牛拉犁，还处于以人力和畜力为代表的传统农业阶段。（安格斯·布坎南）

式马车的形式解决了运输重物的问题。

　　随着城镇生活质量的提高和文明的出现，为满足城市社区的需求，技术革新的进程开始加速。由于人们迫切需要清洁的水源，因此加速河流改道和水渠建设。所有建筑包括房屋、寺庙和纪念碑都是使用木材、石头、泥或烧制的砖，经历了人类社会的巨大扩张，但这被认为是建筑受到更多的关注，而非单纯的技术得到的关注。然而，在基督教兴起（编者注：基督教产生于 1 世纪）的前后几个世纪里，在水车、风车、帆船、指南针的使用方面出现了令人兴奋的创新，这些创新的共同应用使大范围的远洋航行成为可能，并促使开辟新的贸易路线乃至发现新大陆。与此同时，磨坊作业中使用的齿轮传动系统为钟表等复杂的机械装置提供了技术基础；火药的发现引发一场历时漫长的军事革命，各国装备了大炮和枪支，在战场上的火力和战争效率方面不断提升。

　　一般来说，冶炼技术是从质地较软的金属开始的，较软的

图1.3　拉克西水车。位于马恩岛拉克西的"伊莎贝拉夫人"水车是英国现存的最大的水车，它驱动水泵为一个铅矿排水，并工作运行至今。（安格斯·布坎南）

金属冶炼加工也相对容易，如铜和金等，然后是锡，当锡与铜以适当的比例融合时，就得到了青铜；再然后是铁，需要特别高的温度才能将它从矿石中提炼出来，但铁的硬度足以制造各种工具和武器，因此铁器的加工规模越来越大、用途越来越广。最后，随着中技术阶段的逐步落幕，印刷术和造纸术的发明，

图1.4　克兰布鲁克风车。在肯特郡的克兰布鲁克，这个风车在村庄的街道上引人注目。它以"罩式磨坊"的外形而闻名，其外扩的木质塔楼类似于磨坊主的围裙。（安格斯·布坎南）

开启了西方文明的伟大变革，包括文艺复兴、宗教改革和科学革命。

可以肯定的是，在中技术阶段取得了许多成就，技术的进步在这一阶段仍然非常缓慢，虽然没有引发剧烈的社会动荡——除了火药和印刷术，却对公众的思想产生了影响。在整个过程中，人类社会掌握了一些技术，使得他们能够利用风力和水力来辅助人类和动物的劳动。风可能是第一个被利用的"自然"能源，通过原始的帆推动船只；水车肯定是罗马帝国的杰作，有水平的和垂直的结构，在将谷物磨成面粉这一繁重作业中作出了宝贵的贡献。风车可能来自中东或中国，在 12 世纪被引入欧洲。纵观西欧，生产力不断提高，除了因流行病或灾难性战争而短暂中断外，人口数量逐步攀升。西方的发现之旅和商业开发的浪潮、传教士的努力以及随之而来的帝国扩张极大地拓宽了人们对世界的认识。技术为这一阶段的发展作出了巨大贡献，也为高技术阶段的到来奠定了基础。

第三阶段：高技术

高技术阶段始于 1712 年蒸汽机的出现。我们可以给高技术阶段一个明确的日期起点，即第一台有效利用蒸汽动力的发动机的运行，代表着动力从自然和可再生能源向燃料能源转换的重要转变。1712 年，由托马斯·纽科门设计的第一台蒸汽机开始在英国中部地区达德利的一个煤矿运转，由此开启了一个半世纪的技术和工业的快速发展，建立了高技术阶段的第一时期。之后，高技术阶段的第二时期从 19 世纪 80 年代开始，技术转型更加迅速，蒸汽机在很大程度上被其他原动机所取代。

严格来说，纽科门的发动机是一台大气发动机，蒸汽是在一个敞口的垂直汽缸中被冷却，产生部分真空，大气压力驱动汽缸中的活塞向下运动。活塞杆的上端连接到一个摆动的连杆上，活塞的下压导致连杆另一端的泵杆在矿井中上升，从而将水抽出。接着释放气缸中的真空，使泵杆的重量将活塞拉回气缸顶部，这种往复运动可以无限重复，用于抽干矿井的工作巷道。

这一巧妙的设计是后来所有热力发动机的基础。托马斯·纽科门，一位来自德文郡达特茅斯的钢铁商人，被认为是达德利发动机的发明者，尽管其组成部分，如汽缸中冷凝蒸汽的效果、活塞的运动，以及使用连杆产生动力，都是此前早已出现的，而纽科门的作用在于将它们融合在一个可运行的机器中。达德利发动

图 1.5　埃迪斯通洛克灯塔。约翰·斯米顿于 1759 年建造了第一座现代风格的灯塔。19 世纪末该灯塔上方的三分之二被拆除重建后重新伫立在普利茅斯河上。（安格斯·布坎南）

机是一台笨重而低效的机器，需要大量的燃料供应，但当时是在一个有大量的小煤块的煤矿应用，因此燃料不是什么问题，这项发明在英国的产煤地区被迅速采用。

达德利发动机迅速被传播到法国、奥地利、瑞典和英国在美洲的殖民地。然而，它仍然是昂贵且低效的，并且仅限于简单的抽水，直到 18 世纪的最后 25 年，苏格兰仪器制造商詹姆斯·瓦特与伯明翰的企业家马修·鲍尔顿合作改进了达德利发动机。瓦特设计的独立冷凝器、平行运动、旋转运动、离心调速器和双作用式，虽没有使蒸汽机的制造成本降低，但使蒸汽机的运行效率显著提高，而且有了旋转运动，就有可能将蒸汽动力直接用于工厂机器。当包尔顿和瓦特的专利在 1800 年到期时，他们售出的几百台发动机，大部分仍在世界各地的矿山和工厂中运转。对于敏锐的观察者来说，蒸汽机显然开创了一个新的技术时代。

这仅仅是蒸汽革命的开始。瓦特一直抵制在他的发动机中使用高压蒸汽，当他在 1800 年退休时，一些才华横溢的发明家，如理查德·特里维希克——一位康沃尔郡的矿场的工程师，设计的锅炉能够在比瓦特允许的压力高很多的条件下安全地提升蒸汽，并将其应用于蒸汽发动机。当高压蒸汽机在仔细设计的机器循环中使用时，其被证明是一种非常经济的机器，这种机器被称为"康沃尔发动机"，并被用于世界各地的金属矿物深层开采中。特里维希克尝试将这种发动机用于机车，但却止步于早期诸多的困难，因此蒸汽机车的全面发展留给了乔治·斯蒂芬森和他的儿子罗伯特以及其他许多有才华的工程师。在这个过程中，蒸汽发动机被改装成很多形式，甚至改装为船舶推进器，推进了 19 世纪工业和运输系统的增长和转型。

无论蒸汽机产生多么深刻的影响，它的主导地位都是短暂的。到 19 世纪中期，蒸汽机开始受到另外两种动力源的挑战——

内燃机和电力。内燃机和蒸汽机同样是热力发动机，内燃机的工作方式类似于蒸汽机，但蒸汽机是在外部燃烧燃料以产生蒸汽（它的工作流体），而内燃机则是在内部燃烧燃料，其燃料是以液体或气体的形式被注入工作缸中点燃（通常是通过电火花），从而推动活塞。第一批制造成功的内燃发动机使用煤气作为燃料，但很快就被石油燃料取代，特别是汽油。石油燃料具有易于运输的巨大优势，因此是机车燃料的理想选择。到 19 世纪 80 年代，这种发动机被安装在车辆上，制造出第一批摩托车或汽车，此后内燃机很快开始在许多其他工业和运输领域取代蒸汽机。此外，20 世纪的第一个十年见证了以石油燃料为动力的飞机的发明，另一场巨大的运输革命应运而生。

内燃机从未像之前的蒸汽机那样享有对动力来源的近乎垄断的地位。这是由于蒸汽机不断改进，通过采用涡轮式，即蒸汽像水车中的水一样，穿过轮子上的叶片或撞击轮子边缘的水桶来驱动轮子，发明家们设计了通过直接作用产生旋转运动的机器，这种汽轮机成为发电的理想选择。尽管蒸汽轮机本身不是一个"原动机"，但由蒸汽轮机产生的电力确实构建了一个动力源系统，并在许多运输和工业领域的应用中提供了一个能与内燃机匹敌的强有力的竞争者。电还提供了更为丰富的东西，如光、热和电子等，这些都是其他动力源无法企及的。

直到 18 世纪的科学家，如本杰明·富兰克林试图了解闪电的性质以及磁力和静电的现象，才开始发展这种无所不在的能源——电。1800 年，伏特展示了一种产生电流的方法，该方法利用了后来被称为"伏特堆"的装置，该装置由一叠不同金属的圆盘组成，这些金属圆盘在化学溶液中相互反应产生电流。1831 年，迈克尔·法拉第进一步证明，通过在磁铁两极之间的旋转线圈产生电流，为发电机和电动机开辟了道路，此后科学家们又花了 40 年时间才将这些概念发展为实际可操作的设计。因此，在

19 世纪 80 年代，发电站中的蒸汽涡轮机被广泛使用，为高技术第二阶段的成就作出了巨大的贡献。

高技术的特点是获得大量新的动力源，这对现代世界产生了巨大的影响。一方面，它促使最初的西欧文明走向真正的世界文明或全球文明的统一，其主要特征——制造业、土木工程结构、运输和通信的便利供电，现在世界上人类居住的每个角落都几乎触手可及。因此，它使身居世界各地的人们能够通过陆地、海上和空中的快速运输建立联系，并使每个人在其生活的特定社会中能够享受更高的生活标准。另一方面，它使持不同观念和意愿的社会陷入激烈的竞争，并让他们拥有了危险的武器，使世界面临毁灭性冲突的威胁。

这场正在进行的技术革命的范围可以从信息技术的崛起中理清脉络。从 19 世纪 30 年代发展相对缓慢的电报开始，到 19 世纪 70 年代电话的出现，发展的步伐加快了，紧接着人类通信技术的创新之后是电子技术的发明，如广播和电视。第一个公共电视服务是在第二次世界大战之前推出的，直到 20 世纪 50 年代才得到全面发展。此时，它们已经与 1939—1945 年第二次世界大战期间开始的电子计算机的探索相结合，生产了一系列令人惊讶的个人计算设备。这些发展使互联网和全世界即时通信网络（万维网）成为可能，甚至在月球和火星或太阳系其他地方的太空探索中，即时通信也成为可能。在很短的时间内，技术已经提供了可以与人类思维过程相匹配的设备，并将人类社会的力量置于叹为观止的巨大范围内。前提是这些技术能被恰到好处地使用而不是滥用。

因此，高技术变革的非凡速度可以被认为是一场技术革命，而本书的主题正是过去 3 个世纪的这个历史进程。革命这一概念需要一些解释，对工程师来说，革命保留了像车轮会转动一样的基本概念。现代历史学家已经熟悉了"革命"在政治背景下的使用，用来描述社会组织的突然变化，比如政体，这种变化往往伴随着暴力，如 1789 年的法国大革命或 1917 年的俄国十月革命。他们还将"革命"一词用于社会秩序中更普遍的变革，如农业革命和工业革命，尽管这些变革不像政治革命那样突然，而且持续几十年。在这种情况下，持续了 3 个世纪仍未止步的高技术时期，与技术史早期阶段更持久的发展相比，可以说是构成了一场"革命"，因而，在这里正是以此来确定本书的主题，在不忽视我们叙述的本源的情况下，我们自信地将高科技阶段描述为具有技术革命的基本特征。

图 1.6 美国航天局的航天飞机正在降落，直到最近才成为美国太空计划的主力军。它是用火箭发动机发射的，但以受控的滑翔方式降落。（美国航天局）

拓展阅读

Buchanan, Angus *The Power of the Machine,* (Viking, London, 1992).

Derry, TK and Williams, Trevor: *A Short History of Technology* (Oxford, 1962).

Mumford, Lewis: *Technics and Civilization* (Routledge, London, 1934).

Pacey, Arnold: *Technology and World Civilisation* (MIT Press, 1991).

Kranzberg, Melvin, and Pursell Jr, Carroll W (eds): *Technology in Western Civilization* (New York OUP, 1967).

Uhling, Robert (ed.): *James Dyson's History of Great Inventions* (Constable, London, 2001).

Usher, Abbott Payson: *A History of Mechanical Inventions* (Harvard, 1954).

White Jr, Lynn: *Medieval Technology and Social Change* (Oxford, 1962).

Singer, Charles et al.(eds): *A History of Technology* (5 vols, Oxford 1954, plus 2 vols on the twentieth century) (ed. Williams, Trevor, Oxford, 1978).

第 2 章

农业：民以食为天

迈克·博恩

食物和饮料是人类生存的必需品，在过去的大部分时间里，获取食物和饮料是大多数人的主要任务。如今，随着技术的进步，虽然社会中从事农业的人口比例逐年下降，但农业仍然是世界上最大的就业门类之一，仅次于服务业。因此，最早的工具是用来寻找和加工食物和饮料的，而后来人在试图维持不断增长的人口时迅速利用了科学技术的发展，这一点并不令人惊讶。

狩猎－采集者：低技术时代的食物和饮料

这一时期的工具和技术的发展前文已有介绍。无论这些进步看起来多么漫长和简单，据估计，狩猎－采集经济可以维持世界上 2000 万～ 3000 万人口的生存，大约是估算的当时人口数量的 3 倍，尽管生活水平非常低。人类测量学史上的最新研究确立了身高与生活水平之间的关系，如果路易斯·利基的假设是真的，即我们最早的祖先平均身高只有 1.3 米，那么与今天的情况相比，几个世纪以来人类身高的差异已跃然纸上。

第一次农业革命

当然，狩猎采集技术的进步一直持续到今天，现代渔业的复杂与成熟就是最好的例子。中石器时代，矛、钩、线和网还都在使用，新石器时代带来了粮食生产和技术发展的根本变化——驯养动物和定居耕作模式的发展，这标志着我们所熟知的农业的诞生。正如 V. 戈登·查尔德所说的"新石器时代革命"，迎来了中技术时代。农业能够生产足够多的食物，可以养活更多的人口，其中许多人不再需要居住在乡村或下地干活。这是第一次发生在不同时间、不同大陆上的农业革命。普遍认为第一次农业革命起源于大约公元前 10000 年的位于中东的肥沃月湾，但在这之前东南亚也有类似的变化。约公元前 7000 年，农业革命已经蔓延到了美洲。

动物的驯化早于耕作的出现，也许是开始于狩猎－采集者将其行动与山羊和绵羊等动物的季节性迁徙同步。某些物种，如狗和猫，在被驯化之前是作为食腐动物跟随迁徙的动物群体。考古记录显示，驯鹿、山羊、绵羊和猪是紧随其后被驯化的。一种更加稳定的农业模式出现了，人类开始通过饲养牛获得肉、奶和作为运输工具，通过养蜂获得蜂蜜——在糖出现之前唯一的甜味剂，使用骆驼、马和驴作为运输工具。因此，截至约公元前 2000 年，大多数主要的农场动物或今天所熟知的宠物都已被驯化，通过防止与野生动物接触，我们的祖先能够改良他们新获得的羊群的外观和产量。

植物的种植可能是偶然开始的，当迁徙的人类群体重新回到以前的营地，他们发现被丢弃或丢失的种子生长出来的作物，在一小块地上的产量比在野外收获的高。世界各地耕作的发展受到气候、地表地质和文化差异的影响，但所有耕作基础都取决于扩大和维持最适合所选物种的土壤肥力的技术。这些作物（谷物、豆类、水果和蔬菜）一直以来都保持着与耕作阶段相同的特点：翻土、播种、控制杂草、浇水和施肥、收获和储存。

近东（编者注：相对中东、远东地区而言的概念，指距离西欧较近的国家和地区。目前国际上该词已比较少用。）地区的土层较薄，用轻耕很容易翻动。埃及的墓葬绘画展现了一种早期的犁，由两个人使用——一个人拉着，另一个人牵着——从大约公元前 3000 年开始，发展成由牛拉着犁，大概是为了加深耕作土层的深度，以保持可持续种植的土壤肥力。在中技术时代，犁仍有待进一步的发展；同时，在作物生长和收获的后期阶段，使用的是简单的手工工具，如锄头和镰刀。

在近东和中东的河谷地区，保护水源并为作物生长提供灌溉条件至关重要。约公元前 1500 年，底比斯的一座墓葬中的一幅插图展示了取水装置沙杜夫，它借助吊杆将尼罗河的水提升到邻近的灌溉渠道中。这些简单的机械后来串联起来，并被斗链（用于浇灌巴比伦空中花园）和牛驱动的带水桶的车轮（借助于传动装置）所增强或取代。尼罗河每年泛滥的水和沉积物被储存起来，并通过水箱、水闸、水渠和运河系统分配到田地。底格里斯河和幼发拉底河的洪水比尼罗河的洪水更加难以预测，需要更复杂的储存和分配系统来处理这些不定期暴发的洪水。水资源的管理对于亚洲的水稻种植也是至关重要的。在远离河流的地区，约从公元前 1500 年起就开始使用绳索和吊具打井。在埃及，人们还挖掘了更深的自流井，通过含水层的压力迫使水自动流到地表。这样的技术进步对农业的发展如虎添翼，对于为发展中的城市供水也是十分必要的。

希腊和罗马时代在工具和工艺方面几乎没有什么重大发展，但罗马的大型奴隶制庄园的耕作技术却标志着古代地中海世界农业技术的巅峰。希腊和意大利的环境条件相似，都是轻质土壤，气候特点是干旱和大雨交替出现，而且缺少土地来饲养大量的牲畜以获得肉类和粪肥。两地都使用轻型犁，在罗马时代加入铁之后农耕就变得更加高效，并通过频繁的犁地、耙地来清除杂草和破碎土壤，并交替休耕来保持土壤肥力。通过这种精心的耕作管理，农作物产量增加了 4 倍。罗马人还引进了玉米干燥窑，为谷物的研磨做好了准备。罗马人在供水和通过水渠输水方面的技能和魄力是众所周知的，这一时期意大利也开始了对一些沼泽河谷以及被他们征服的地区进行系统的排水改良。

许多早期文明的工具——镰刀、木栏、梯子和单手羊剪——

图 2.1 中世纪的耕作。来自《时间之书》的犁和耙子，布鲁日，约 1520 年。（图片来源：大英图书馆：Additional Mss. 24098 f.26v.）

在后罗马时代仍被普遍使用，这一点可以从诗篇中的插图和中世纪欧洲僧侣创作的《时间之书》中看到。

在中技术时代的后期，我们的重点转向北欧和为第二次农业革命铺平道路的技术进步。犁，又一次站在了创新的前沿，它增加了一个推土板，用来搅碎和翻动沉重的黏质土壤，许多黏质土壤是近期才从"废弃物"和林地中获取的。这发生在 11 世纪，但人们认为类似的改进是大约 2000 年前从中国引进的。与前几个世纪一样，田间的大部分其他工作都是用传统的手工工具完成的，在 8 世纪增加了连枷（用于打谷脱粒），大约 4 个世纪后镰刀（用于割草）才开始被广泛使用。

大发现时代的新土地和新作物

自古以来，远洋船舶和航海技术的发展就拓宽了农产品的市场，在地中海周围发现的腓尼基人的葡萄酒和橄榄油贸易遗迹足以佐证。罗马的磨坊对粮食的需求也使贸易激增，其中甚至有来自遥远的边疆省份不列颠尼亚的。正是约翰·卡伯特和克里斯托弗·哥伦布在 15 世纪最后几年的开拓性航行，带动了"新"作物的发现并传遍全球，对世界农业、饮食和消费产生了巨大的影响。早在基督诞生之前就在安第斯山脉种植的马铃薯，于 1575 年在西班牙征服南美洲之后被引入欧洲。马铃薯的推广速度有些迟缓，但在 18 世纪，在法国和英国越来越受欢迎，尤其在爱尔兰。19 世纪中叶，马铃薯的歉收造成了灾难性的后果。玉米当时被认为不适合北欧种植，但却被葡萄牙人引进到东印度群岛和非洲。甘蔗糖和大米从欧洲被带到了美洲，甘蔗糖在西班牙和西西里岛种植，并由威尼斯人进行了广泛的贸易。到 17 世纪中叶，法国和英国殖民者在加勒比海和北美建立了奴隶制的大型甘蔗糖种植园，糖被部分提炼后运往欧洲进行最后的加工。到 1700 年，甘蔗糖已取代蜂蜜成为首选的甜味剂。

新的饮料也被引入欧洲。其中包括茶（17 世纪初由荷兰人首次从中国运来）、咖啡（最初来自非洲，后来来自巴西和爪哇）和可可（来自非洲）在 19 世纪因加了糖而流行起来。酒精饮料的历史要长得多。葡萄最早是在近东种植的，但希腊和罗马人却掌握了葡萄的栽培和酿酒技术，并在他们各自的帝国中广泛出口。虽然葡萄酒是南欧人的首选饮料，但啤酒却在北欧更受欢迎。大麦的发酵如同葡萄的发酵一样，最开始是偶然事件，并被那些喜欢这种偶然酿造的口感和余味的人所复制。酿酒最初是在近东发展起来的，苏美尔人可以喝到不少于 19 种不同口味的啤酒。在中世纪的欧洲，酿酒技术在 13 世纪迎来了重大创新，将麦芽提取物（或麦芽汁）与啤酒花一起煮沸，带有啤酒花的饮料有一种独特的苦味，贮藏时间更久，是那时人可以喝到的最安全的饮料，直到 19 世纪后期城市供水系统改善前。

烈酒的蒸馏起源于 1 世纪的炼金术士，当时被用作药品。大约 1000 年后，烈酒和利口酒成为流行饮料，但到 1300 年时，过度消费在某些地方引发了很多问题，步入后尘的还有中技术时代末期的杜松子酒、白兰地、威士忌等。大发现时代的另一个产品烟草也是最初被用作药品的。烟草起源于南美洲，在 16 世纪被带到欧洲并广泛种植，但在 1612 年种子被带到北美后，种植和生产才开始以惊人的速度扩张。大发现之旅还开辟了重要的新的鱼类供应。如前所述，从最早的狩猎－采集者时代起，鱼类一直是重要的食物来源。河流和湖泊中鱼的数量只能满足当地有限

图 2.2　1754 年的一个大型酿酒厂。工人们正在搅拌糖化桶里的麦芽和水。（图片来源：《18 世纪：启蒙时代的欧洲》，阿尔弗雷德·科班，1969 年，经泰晤士哈德逊出版公司许可）

的人口的食物需求，寻找更多的鱼类是船舶和航海业发展的一个重要动力。对渔民来说，寻找和捕获鱼只是问题的一部分，因为渔获物必须以适当的方式保存才能以适合餐桌的状态送到消费者手中。青铜时代（编者注：青铜器在人类生活中占据重要地位的时代，又称青铜器时代、青铜文明。）通过干燥、盐渍或熏制等方法解决了这个问题，这些方法一直沿用至今，现代还可以通过冰冻或冷藏来保存。在罗马时代，鱼已然成为一个重要的商品，从西班牙、埃及和北欧进口到罗马这个帝国城市。

基督教的斋戒日和大斋期（编者注：基督教大斋期不能吃陆生动物的肉，可以吃鱼）给鱼类供应带来了额外的压力。沿海地区修道院的鱼塘和捕鱼设施可以提供少量的鱼，但大多数鱼来自大规模捕捞的鲱鱼和鳕鱼，英格兰的雅茅斯早在 6 世纪就以其盛产鲱鱼而闻名。到 1300 年，波罗的海已成为最重要的咸鱼产地，但荷兰人很快就挑战了汉萨同盟商人的垄断地位。他们开发了有

图 2.3 北美鳕鱼捕捞，约 1720 年。渔夫（A）用鱼饵捕鱼（B）。鳕鱼上岸后被取出内脏，用盐腌制，清洗并晾晒干燥（M）。鳕鱼肝油在压榨机中被提取（I）。（图片来源：《18世纪：启蒙时代的欧洲》，阿尔弗雷德·科班，1969 年，经泰晤士哈德逊出版公司许可）

更大甲板的渔船（鲱鱼巴士）和可以缠绕住鱼鳃的长流网。这些大型船只还能搭载盐工和修桶匠，使得在海上直接保存渔获物成为可能——这就是今天巨大的工厂船的前身。卡博特于 1497 年在北大西洋的航行打开了纽芬兰岛附近丰富的鳕鱼渔业的大门，这将威胁挪威北部的渔业，而挪威的渔业始于 800 年的维京时代。

中技术时代末期，农业的主要发展发生在北欧人口密集的国家，那里可以通过进一步扩大耕地面积和提高农作物和牲畜的产量来赚钱。

这些举措中最重要的一项是对大部分的洪水或沼泽地排水。罗马人的排水工程在中世纪时已被弃用，而潮湿的气候导致许多以前的开垦地流失。16 世纪和 17 世纪的人口数量的增加，促使意大利和荷兰通过技术创新尝试重新开垦土地。在意大利，人们把注意力集中在对河道水流的研究上；在荷兰，人们开发了至今仍在使用的开垦失去的土地的方法，即用黏土筑成堤坝围住需要开垦的土地，然后用风车驱动的铲子将多余的水转移到堤坝外的深渠中。

荷兰的这项技术相继被法国和英国采用，尽管方式有所不同。法国成立了一个中央委员会来指导沼泽地开发计划，而英格兰则依靠富有的地主，如贝德福德伯爵的倡议，在剑桥和诺福克广泛开垦沼泽地。最初是通过开凿直渠来快速有效地排放海平面以上的水，后来又添加了排水风车来处理多余的水。

除了排水外，整个欧洲的农业发展是非常不平衡的。由于 17 世纪欧洲长期处于战乱，当时德国各邦国的生活水平和工资水平实际上已经下降，只有荷兰和英国的农业和饮食有适度的改善。当时，荷兰是两个国家中人口密度较大的国家，通过精耕细作的小农场或商品菜园、复杂的作物轮作、新的粪肥来源和引入新的饲料作物以维持冬季养殖业的生产，满足日益增大的食物需求。

在英格兰，伦敦和较大的城市周围的商品菜园也得到了发展，农作物产量略有提高——这些产量虽然在中世纪技术条件下的参数范围内，但足以在 1750 年将过剩的玉米用于出口。最显著的改善是在轻质土壤上的畜牧业生产，集中种植饲料作物提高了羊毛和羊肉的产量。18 世纪，诸如杰思罗·塔尔（发明了耧：类似后来播种机和马拉犁）和查尔斯·汤森（引入了饲料作物）等创新者取得了很多成就，但他们的努力现在已被历史学家所质疑，因为萝卜是在 17 世纪 30 年代（从荷兰）被引进的，苜蓿（最初来自西班牙）是在 17 世纪 50 年代被引进的，但这两种作物在这个时期都没有迅速传播开。使用轮作（即使用临时牧场来喂养牲畜和利用畜牧业粪肥给土壤施肥）和提高劳动生产率是这一时期农业进步的主要原因。

第二次农业革命

1750 年后，伴随着世界人口数量的大幅增加，英国开始了农业革命，这标志着生产力发生根本性变化的时期的开始。如果说新石器时代的农业革命是第一次的话，那么，这第二次农业革命使人类避免陷入"马尔萨斯陷阱"，在这之前，马尔萨斯陷阱似乎限制了人口增长。在《人口论》中，数学家和经济学家托马斯·马尔萨斯指出，人口的增长总是超过食物的供给，前者以几何级数增长（即 2-4-8 等），而农业生产只能以算术模式增长（即 1-2-3-4 等）。这篇文章在他 1834 年去世前的几年里影响极大，今天人们普遍认为他的分析对 1798 年《人口论》出版前的时期是有效的。第二次农业革命的后续进展回答了马尔萨斯的两个主要问题："哪里会有新的土地出现？""如何改良已经在耕种的土地？"这些发展开启了我们所期待的、有时也担心的农业生产力的大规模增长。

1750 年后一个世纪时间里的一些统计数字表明了这场革命的影响：英格兰和威尔士的小麦产量增加了 225%，运往伦敦史密斯菲尔德市场的牛的数量、苏格兰的燕麦和肉类产量也有类似的增量。这种进步主要发生在英国东部的轻质土壤混合农场上，这种增长更多的是由于作物轮作的进一步发展和更多饲料作物的引进，而不是农业机械的大量引进或技术应用于畜牧业中。正如实业家转为农民的约瑟夫·梅奇在他《如何种地赚钱》（1864年版）一书中所说的那样，"生产的肉越多，粪肥就越多，单位面积可耕地种植的玉米的产量就越高"。

这一时期农业技术的其他改进还包括酸性土壤的石灰化和泥炭化，以及畜牧业的发展刺激了新品种牛羊的引进。随着时间的推移，炼铁技术的进步推动了农业工程产业的兴起：约1730年的罗瑟汉姆犁配备了铁制的推土板，1789年伊普斯维奇的工程师兰索姆斯引进了自磨犁和全铁犁，以取代沉重的木制犁架。铁还被用来制作耙子的框架和轮式耕作机的犁齿，这些耕作机器在1793—1815年法国战争期间被用来破土。这一时期结束时，耧和马拉锄仍未普及，而安德鲁·米克尔于1784年发明的脱粒机因19世纪30年代的农村动乱而被推迟引进。这些改进固然重要，但英国农业革命的起因则侧重于更广泛的农业背景，特别是以通过市场和盈利机会来取代部分自给自足的心态。与此同时，伴随着维多利亚时代，农村社会典型的"地主—佃农—劳动者"社会"金字塔"出现。

"高技术"时代的进步

1850年之后的几年见证了英国农业截然不同的命运。通常被称为"高级农业"的"黄金时代"——"高级"是指高标准，这是重大技术变革和高产出的时期。上面提到的许多新机器在这一时期都得到了普及，并通过引进工具收割更多干草增加谷物产量。第一台收割机出现在1780年，但19世纪50年代带有切割机和刀具的马拉机器提高了收割工作的生产效率。一个拿着镰刀的工人一天内仅能割完10亩土地上的小麦，而两个人和两匹马借助美国的麦考密克收割机可以在同一时间内割、耙和捆绑近

810 亩的小麦，该收割机在 1851 年英国伦敦首届世界博览会上首次展出。19 世纪 50 年代，还将机器制造的很多圆形排水瓦片用于地下排水，提高了黏质土壤的生产力。

"高产农业"也涉及高投入，很多都是从国外买来的。农民通过油渣饼饲养更多的动物，获得更多的粪便，而从秘鲁进口的鸟粪或海鸟粪为土壤增加了磷酸盐。这一时期还引进了化学肥料，如碱性工厂用酸处理骨头生产的"过磷酸盐"，以及从以经验基础的耕作和饲养方法逐渐转向基于科学的方法。从自给自足的混合农业体系到依赖外部投入的农业体系，成为后来农业发展的一个主要特征。

到 1875 年，英国仍保持 75% 的粮食自给自足，但其农民这时受到了欧洲竞争者的威胁，这些竞争对手在英国 1846 年废除《玉米法》后仍保留了关税壁垒。法国和新成立的德国的发展速度加快了，甜菜的种植数量越来越大，丹麦在新形式的合作组织的帮助下，专门为城市市场生产乳制品和猪肉。然而，对英国农民的主要威胁来自铁路和轮船开辟出的新大陆大片的土地。1860—1900 年，美国约有 162 亿亩土地（是英格兰和威尔士总面积的 10 倍）被作为新增耕地，加拿大、乌克兰、澳大利亚和阿根廷的耕地面积也进一步增加。这些新农场规模庞大，虽然其畜牧业以欧洲的标准来看相当原始，但小麦可以在英格兰的新增耕地种植，价格与本土产品相当。由于耕作面积巨大引发了劳动力的短缺，劳动力的短缺刺激了这些新土地上农业生产的机械化，钢制犁的引入和联合收割机的发展，使得一天内收割 1200 亩小麦变为现实。更多的异国食品、饮料和新原料，如香蕉（19 世纪 70 年代来自西印度群岛）、锡兰茶、非洲的棕榈油和花生等，也通过新的运输网络抵达欧洲。

这些发展极大地丰富了食物的种类，而冷冻、冷藏和罐装等食品保存、储存和加工方面的技术进步则锦上添花。渔船队也能够利用他们的蒸汽动力船开发新的海域，并开发出更密集的拖网和漂流方式。

进入 20 世纪

20 世纪 50 年代前是农业的另一个转型期，欧洲、澳大拉西亚（编者注：一般指大洋洲的一个地区，即澳大利亚、新西兰和邻近的太平洋岛屿），特别是美国取得了重大进展。1910—1953 年，美国农业生产率较之前提高了 77%，雇用的农场工人减少了 37%，而世界其他地区则没有什么变化。

富裕国家生活水平的提高导致其对肉类和家禽产品的需求增加，饲养动物和鸟类的数量也随之增加。在印度和中国，耕牛仍不可或缺。养殖业的改进包括对口味变化的调整，如从羊肉到羔羊肉，通过人工授精和精子库使得这些变化变得易得。20 世纪 30 年代，随着 DDT（编者注：化学名为双对氯苯基三氯乙烷，又叫滴滴涕）和其他杀虫剂的引入，对动物外部寄生虫的控制，动物疾病的治疗变得更加科学。畜牧业机械化的机遇受限，但挤奶机于 1900 年诞生，并逐渐取代了手工挤奶。动物饲养管理的变化推动了大型农场的发展，产生了更集约化的家禽和牛犊饲养方法，这一趋势随着时间的推移而加速。

机械化在农作物种植中变得越来越重要。移动式蒸汽机因重量而令其使用范围受限，直到 19 世纪末期驱动绞盘的蒸汽犁得以小范围使用，并出现了由承包商拉到农场使用的移动式脱粒机。小型固定式发动机也被用于谷仓机械。

内燃机也服务于机械化，但拖拉机和自走式机器的发展，如 20 世纪 30 年代的联合收割机，是 20 世纪下半叶世界农业最重要的进步之一。

植物育种的科学应用产生了新的杂交谷物品种，这些新品种具有更高产量和对某些疾病更好的抗性，并更易于用机械收割。

蒸汽犁耕机

是查尔斯·伯勒尔父子制造的

工作计划——No.1

图 2.4 蒸汽犁。犁被一根连接在田地对面的锚上的钢丝绳拉着在田地中前后移动。两者都是自走式的。（图片来源：查尔斯·伯勒尔父子的《改良农业机械图解目录》，1876 年）

自走式机械，拖拉机

科学还使人们对植物营养和病虫害有了更深入的了解，并发明了一系列的杀虫剂、除草剂和杀菌剂。最大的突破可能是氮肥的生产，它缓解了农业生产对智利的硝酸盐矿的依赖。这些进步并非完美无缺——化学肥料不能像农家肥一样改良土壤，一些批评者主张回到混合耕作的有机系统。同样，杀虫剂也是有害的，引入自然捕食者被认为是代替杀虫剂的方法。

图 2.5 1950 年
的收割作业。五
台自走式联合收
割机在多塞特郡
的克里切尔高地
工作。（图片来
源：多塞特郡博
物馆）

渔业也用新技术来定位和捕捉更多的鱼。声呐和雷达被用来寻找浅滩，由蒸汽机和柴油机驱动的大型船只能够航行得更远，并利用这些动力源来拖动更大的用人造纤维取代麻和亚麻制的网。制冷技术和大型"工厂"船舶使渔民能够将渔获物直接在海上加工。

一场"绿色革命"

"绿色革命"兴起于 20 世纪 60 年代末，它汇集了许多研究、开发和技术转让方面的举措，在 20 世纪下半叶实现了整个发展中国家农业生产力的大幅度增长。新型的杂交谷物品种、灌溉方案、机械化、更好的作物管理以及化学肥料和杀虫剂的集约化使用相结合，产生了惊人的效果。1960 年，印度面临饥荒，但半矮秆水稻（IR8）的引进和其他改进措施使作物的价格下降到原来的三分之一，并有盈余可供出口。菲律宾也取得了类似的成果，但代价是稻田里的鱼群越来越少，因为杀虫剂对水田鱼类栖息地产生了不利影响。这种变化也对发达国家产生了影响——日本的水稻产量在 20 世纪 50 年代被认为是"落后"的，在过去的一个世纪里，水稻产量从每公顷的 2.5 吨上升到 7 吨，大约是孟加拉国的两倍。集约化的家禽和生猪养殖体系也被采用：在过去的 50 年里，世界饲养的鸡的数量从 40 亿只增加到 130 亿只以上，现在在美国被宰杀的鸡是先前的两倍，鸡的养殖时间是先前的一半。

在过去的一个世纪里，世界人口增长了两倍，其中"贫困"地区的人口增长率和城市化率最高。这一切都发生在没有大范围饥荒和饥饿的情况下，这是对农业技术进步的肯定，但并非这些进步没有带来一些严重的问题。菲利普·林伯里的《农场末日：廉价肉类的真实成本》（2014 年）警告说，为了满足日益增长的肉类需求，导致出现了浪费、残酷、低效的巨型农业系统，这是极其危险的。即使是在阿根廷广阔的土地上，肉牛现在也要在工厂里饲养，而之前的牧场则用于密集且单一的大豆种植，为养殖业提供饲料。随着这种种－养格局的发展，对环境造成的问题也越来越多，比如处理因此产生的大量废弃物。转基因作物的培育使政策制定者陷入相同的困境。马铃薯枯萎病曾给 19 世纪中期的爱尔兰和北欧其他地区造成巨大损失，科学家们最近培育出了一种能够抵抗枯萎病的马铃薯新品种。从马铃薯的一种不可食用的近缘植物上借来的基因具有识别枯萎病的能力，感染枯萎病会触发块茎的免疫系统来抵御它。这种转基因作物的产量是"未经改良"作物的两倍，而且不需要任何杀虫剂，通常在一个生长季节要对马铃薯喷洒 10～25 次杀虫剂以保障其生长。种植抗枯萎病的马铃薯新品种预估每年可节约 7200 万英镑（约 6.6 亿元人民币）的成本。然而，批评者指出，有一种"天然"的马铃薯品种已经能够抵御大多数的枯萎病病菌，而且转基因作物的健康风险没有得到充分的评估。在现代农业寻求满足对其产品不断增长的需求的同时，发明者、创新者、监管者和政策制定者均面临诸多挑战。

拓展阅读

Birdsal, Derek and Cipolla, Carlo M: *The Technology of Man: a visual history*, (Wildwood House, London, 1980).

Derry, TK, and Williams, Trevor I: *A Short History of Technology*, (Oxford University Press, Oxford, 1960).

Edgerton, David: *The Shock of the Old: Technology and Global History since 1900*, (Profile Books, Exmouth, 2006).

Lymbery, Philip: *Farmageddon: the True Cost of Cheap Meat* (Bloomsbury, London, 2014).

Mechi, J. Joseph: *How to Farm Profitably* (Routledge , London,1864 ed.).

Overton, Mark: *Agricultural Revolution in England: the Transformation of the Agrarian Economy 1500–1850*, (Cambridge University Press, Cambridge, 1996).

Williams, Trevor I: *A Short History of Twentieth Century Technology: c.1900–c.1950*, (Oxford University Press, Oxford, 1982).

后记：磨

欧文·沃德

　　人类是如何从周围生长的天然谷物中获取营养的呢？这个问题的答案是将谷物磨成粉，然后便可以很容易地将粉变成糊状，并煮熟或烘烤成意大利面或面包，因此，研磨技术的发展对食品技术史至关重要。研磨开始于牙齿，人类腭骨和头骨的考古证据显示，臼齿——恰如其分的名字，有相关的磨损痕迹。后来，在旧石器时代的某个时候，一些聪明的人——也许是那些牙齿已经不如从前的老年人，开始使用他们已经熟悉的石头作为工具或武器进行一些初步的粉碎。这些初步的粉碎活动可能有助于他们去除坚硬的野生种子的外壳，并享用里面的粉状物。然而，除了最好的食物部分之外，一定还有用于破碎谷物或种子的石头掉下来的砂砾，从铁器时代在曼迪普河畔的查特豪斯和其他地方发掘出的扁平臼齿可以证明。

　　用一块石头在另一块石头上磨碎收集到的谷物的工作，可能是妇女的工作，而男人则在外面打猎或战斗，这种磨被称为马鞍式石磨（因操作者站在或双腿分坐而得名）。考古发现的石器时代的女性骨架显示她们经常蹲在类似马鞍的东西上，这是将上层石头在底层石头上来回拖动的艰苦劳动的证据。其他样式简单的粉碎设备包括臼和杵，通过硬木研磨置于空心树干底端的谷物实现粉碎。这种方法在非洲部分地区仍在使用，当没有可用的石头，而水又不是可靠的动力源时，这种方法就显得方便很多。任何巧妙的新设备的起源往往是模棱两可的，但我们可以合理地假设，通过在上层石头上固定一个垂直的把手来旋转下层石头的动作，对那些执行该动作的人来说是很早发生的。另外，一定有人想到了在上层石块上开一个中心孔，可以通过孔输送谷物，而这样产生的面粉可以从石块的外缘收集。通过固定在下层石头中心的转轴，可以在上层和下层石头之间形成一个小的缝隙，转轴上有一个支撑上层（可转动的）石头的横杆或轴心铁，两者之间有适当的缝隙。只要有足够的石料，整个装配过程不需要多少资金。

围绕着将水力应用于研磨的起源也有类似的不确定性。目前还不清楚简单的水平滚轮是在垂直水轮之前还是之后出现的，因为垂直水车需要齿轮来将垂直转换为水平运动带动磨石。考古学表明是后者，而逻辑上是前者。水轮能在不借助人力的情况下持续运作为研磨提供动力，因此各种形式的水力应用越来越广泛。磨坊主很可能已经看到，驱动卧式磨石的合理方式是将中央主轴与水平滚轮的轴连接起来，在滚轮一侧的稳定水流中转动，世界各地已经有成千上万水轮驱动的卧式磨石在运转，为面包房和农户生产面粉。随着需求的增加，这种规模有限的水力利用很可能成为一种劣势，鼓励人们建造更加复杂和强大的垂直水力利用装置。考古证据表明，垂直形式的磨机甚至早于卧式磨机出现。除了需要更大的建筑空间来容纳垂直轮及其相关的齿轮之外，还需要对流动的河水进行一些改造，以保证良好的水头和稳定的供应。这涉及一个屏障坝，能够将足够的水引入"水渠"，在最有效的高度将水送至水轮，用水闸控制流量，以便根据需要打开或关闭。

罗马帝国既有立式又有卧式的水磨，从基督教时代开始，罗马人带着他们饥饿的军团，在征服西欧大部分地区的时候，也带着他们的研磨系统的技能。庞贝城的巨大磨石，由一个圆锥形的底座或熔岩雕刻的床石组成，上面有一个点对点的两个圆锥体形状的流水石（颇像沙漏计时器），依靠人或动物的扩散，抵达许多城市的定居点。然而，最具影响力和生产力的罗马磨坊是以水为动力的旋转式磨坊，使用直径为约 61 或 91 厘米的石头，由立式水车驱动。这种类型磨坊的一个典型例子是在法国南部阿尔勒附近的巴贝加尔，罗马工程师从一个陡坡顶部引水，在顶部将水渠分为两条平行的水渠，每条水渠通向一排的八个直径约 152 厘米的立式水车，使一个磨坊的水尾流入下一个磨坊水轮的顶部。据推测，这样一套规模相当大的磨坊是在 2 世纪为罗讷河口的阿尔勒镇提供食物而建立的。相对平坦的磨石是由玄武岩制成，尺寸介于 0.46 米的手工磨盘和后来的 1.22 米甚至 1.83 米的商业磨盘之间，其尺寸受配套水车的尺寸限制，可以解释为什么阿尔勒需要这么多磨盘。

立式水车能够为卧式磨石提供动力的最初想法可能来自某些工业用途发展的需要，例如需要一个旋转的磨石来磨制工具。例如，在 19 世纪的一个农场主的账目中，几乎每天都要使用"磨具"——镰刀、镰刀、斧头和刀子，它们在农场中使用率很高。

选择一对适合自己的磨石是磨坊主的首要职责之一。他的第一反应可能是从自己的田地里收回那些妨碍挖掘和播种的石头，并将它们改造成适用于研磨设备的石头。这些石头如果通过研磨稍加修整，可以使用很长一段时间。在理想情况下，磨坊主会寻找质量好的石头来完成他打算进行的作业。他的选择受制于几个方面。他能买得起他想要的石头吗？理想的用于精细面粉加工的法国磨石的价格至少是其他替代品的两倍。他能把理想的石头运到他的工厂吗？至少有一个法国磨坊主不得不为马匹修建一条特殊的通道，以便在山谷中的斜坡上运输他的磨粉机。他确定自己只能从事这行吗？除了为家人制作面包研磨小麦外，他还可以加工较粗的大麦或燕麦。因此，磨坊主经常会有两对石头，即使这意味着必须在以后将第二对石头拼接到现有机器上。上等的法国磨石产自巴黎盆地，通常由塞纳－马恩省的拉费泰苏茹阿尔（图 2.6）的制造商出售，该地区将这一现已停产的行业作为其核心。他们的产品从 15 世纪初开始在运输可达的范围内传播，首先通过河流，然后是运河，最后通过海路传播到世界各地，直到 20 世纪。

其他欧洲国家也找到了他们喜欢的磨石产地。在罗马时代，意大利早已从奥尔维托和其他地方开采坚硬的火山熔岩，随着罗马帝国的发展，磨石的使用传遍了欧洲。德国的研磨工在安德纳赫和莱茵河下游等地区发现了类似的磨石产地，他们能够将这些磨石运输出口，特别是运往英国。英国充分利用了在德比郡山顶区域和诺森伯兰发现的磨石砂砾。在德比郡哈瑟萨奇附近位于米

图 2.6 法国塞纳 - 马恩省的费泰苏茹阿尔建造的磨石，正在接受作者和美国缅因州的南希·雷伊检查。（欧文·沃德）

尔斯通悬崖的采石场附近仍然堆放着残余的、未使用过的磨石，但这些石头是用于磨粉还是用于工业磨石，目前还不确定。爱尔兰也有了自己的磨石来源，而美洲殖民地的定居者则开采了种类繁多的岩石。威尔士人发现了一种特别有用的石英砾石，其锋利的颗粒牢固地嵌在砂岩基质中，主要产于怀伊河谷，也出现在威尔士的许多其他地方。与法国磨石一样，这些石英砾石应该也是通过水流分布的，石英砾石经常作为法国磨石的配石。现在存在大量关于其他国家的磨石研究，显示了随着需求的增长，偶然的发现导致了侵入性开采，留下了清晰的采石乃至采矿的痕迹。

19世纪初，英国不断增长的城市人口导致对食物的需求变得迫切，促使制粉业的新磨坊从农村转移到港口，这些港口消耗越来越多的外国小麦和其他谷物的进口。由于在航运和排水非常重要的河口地区不能用水力驱动大型设备，而风力又太不稳定，无法发挥作用，因此人们使用蒸汽来转动磨石。1784年，詹姆斯·瓦特亲自设计了一台横梁发动机来给伦敦市中心的阿尔比恩磨坊提供动力。1780年，马修·沃斯伯勒为爱德华·杨在布里斯托尔的卢文米德磨坊建造了一台大型蒸汽机。然而，到了19世纪70年代末，这些英国港口工厂遇到了严重的问题，许多工厂面临着关闭的威胁。这些港口中的大多数现在都在进口美国的高级面粉，因此提高面粉质量和降低生产成本是生存的必要条件，对优质白面包日益增长的需求则推动了技术变革。

应对这一挑战的一个重要变化是用圆柱形滚筒（也就是辊子）代替了磨盘进行碾磨。辊磨机已经被应用于其他工业，到18世纪时，在整个西欧被广泛用于研磨金属板和金属条以及榨甘蔗。19世纪末，起源于匈牙利的研磨面粉的瓷辊被广泛宣传使用。这种瓷器不是中国瓷器厂生产的用于餐具的精致产品，而是一种表面粗糙并未上釉的"饼干"瓷，其表面具有研磨性。这种辊子的研磨效果差强人意，并被后来的冷铸铁辊所取代——把液态铸铁倒入冷的金属模具中，"因突然冷却，导致每个辊子的外部都能形成一个非常坚硬的部分"。

新的大型磨坊逐渐从磨盘过渡到辊子，但这一转变并不容易。1879 年，亨利·西蒙在英国和爱尔兰磨坊主全国协会的成立大会上宣读了他的一篇论文，他主张采用辊式研磨系统，他对磨盘消亡的预言受到了听众的质疑，甚至是完全否定，因为他们无一例外都在使用磨盘，而且只使用磨盘。也许磨坊主们无法想象辊式系统所涉及的一系列过程，格林·丹尼尔斯这样总结道：辊子……破开谷物，旋转的筛子分离出不同成分，去除麸皮后，将成分按颗粒大小分级。在分离器中使用气流来提取小的麸皮颗粒，进一步使用辊子将胚乳研磨到面粉细度。

大型港口磨坊工厂的设备越来越多，到 20 世纪 30 年代，约瑟夫·兰克在南安普敦码头的大型索伦特磨坊占据了一块巨大场地，高五层以上、长 91 米、深 64 米，除了基本的分离器、辊磨机、离心机和其他筛分装置外，还有清洗机、洗涤机、烘干机、分级机、分离机和输送机。事实上有两台磨粉机，一台用于生产面粉，另一台用于生产玉米制成的调味品。在 1939—1945 年第二次世界大战中，该工厂由于醒目的位置诱来德国的空袭，1940 年 11 月，它被烈性炸药和燃烧弹摧毁。该工厂完全由镇上的电力供电，并进行了适当的改造，是第一个如此设计的工厂。电力是从 1887 年在怀俄明州拉莱米市开始使用的，到 1920 年已经可以与蒸汽动力相媲美，到 1940 年电力的应用已远远超过了蒸汽动力。在某些情况下电动机和柴油机，被用来操作单个机器，新的磨坊工厂当时能够加工多种谷物，提供不同质量的面粉和谷物粉。因此，辊磨粉机占据了面粉生产的主导地位，但一些传统的石磨仍然存在，服务于有特殊需求的客户。

拓展阅读

Belmont, Alain: *La Pierre* à pain: *Les carrières de meules de moulins en France,* (Grenoble, 2006).

Bielenberg, Andy (ed): *Irish Flour Milling: A History 600–2000,* (Dublin, 2003).

Hockensmith, Charles D: *The Millstone Industry: A Summary of Research on Quarries and Producers in the United States, Europe and Elsewhere,* (Jefferson, 2009).

Jones, Glyn: *The Millers: A study of technological endeavour and industrial success, 1870–2001* (Lancaster, 2001).

Major, J Kenneth: 'The manufacture of millstones in the Eifel region of Germany', *Industrial Archaeological Review* (vol.6 no.3, Autumn 1982, pp.194–204).

Moritz, LA: *Grain-mills and flour in classical antiquity,* (Oxford, 1958).

Simon, Brian; *In search of a grandfather*: *Henry Simon of Manchester, 1835–1899,* (Pendene, 1997).

Storck, John and Teague, Walter D: *Flour for man's bread: a history of milling,* (Minneapolis, 1952).

Tucker, D Gordon: 'Millstone making at Penallt, Mon.', *Industrial Archaeology* (1971, no.3, pp.229–239 and 321–324).

Watts, Martin: *The archaeology of mills and milling* (Stroud, 2002).

第 3 章

工业和社会的动力

安格斯·布坎南

图3.1 黎凡特矿山。在康沃尔郡兰兹角附近的黎凡特矿山，曾经是繁忙的铜和锡矿开采区，独特的机房和烟囱层出不穷。（安格斯·布坎南）

工具和机器

制造和使用工具来协助行动的技能是人类特有的，它代表了人类为获得环境控制权的基本自我培力形式。从人类活动开始，用于塑形和切割、切削和研磨、投掷和战斗的工具就由木头、骨头、石头和任何其他可用的材料制成，而且这些工具在家庭和工作场所是不可或缺的。像锤子和刀子这样的工具在日常生活中发

挥的效用仍然是至关重要的，而且现在还在为许多专门用途而制造，这些都赋予了人类主动制造工具的能力，这种能力继续为潜力无穷的技术专家发挥作用。

简单的手持工具最终发展成为更复杂的工具，将部件组装成机器，通过杠杆、连杆和齿轮链实现操作，完成比简单工具所能完成的更重、更费力的工作。诸如研磨谷物的磨粉机、旋转陶土的轮子和木料成形机的机床等机器，最初是由人的手或脚的力量来操作的，但很快就被动物力替代，然后是使用风和水等非生命动力源。

这种无生命的能源特别适用于繁重和重复性的工作，如碾磨谷物、锻打铁器、制衣厂中的刺绣和织物收缩，以及造纸和酿酒中搅拌液体。使用这种动力的一个结果是，操作的规模逐步攀升，既可以通过单独的机器，也可以通过组装许多由一台风车或水磨驱动的机器。在地势平坦的国家，如荷兰，风力资源丰富，降水短缺，风力被用于许多工业功能，但一般来说，水磨是首选，因为其动力来源更可靠。与风车相比，水力更容易将正在使用的机器集中在单一机组中，因此，当市场条件合适时，水力磨坊往往成为大型单位——"制造厂"或"工厂"——往往雇用几十人，甚至是几百人。这样的建筑需要对大型结构的安全有新的思考，并促进了"防火"设计的发展，使用铸铁柱和梁的框架，在梁之间用砖拱顶支撑，石铺地板，整个结构被包裹在砖和玻璃的外壳中，屋顶有石板瓦。所有这些"防火"设计在纺织厂和市政、宗教和行政的大型建筑中被广泛采用。除了提高生产效率外，工厂与个人或家庭生产相比有其他优势，劳动力可以得到更充分的监督，并受到严格的时间控制。因此，对这种大型单位的管理成为现代工业管理的起源，包括工作学习程序、对操作的定时控制以及对机器的保护，这些机器变得越来越大，越来越昂贵，而且容易操作失误。

工业革命

　　向大规模工厂生产过渡的时机，除了技术上的可行性外，还取决于其他因素，这些因素在 18 世纪的英国率先出现。其中之一是繁荣的经济，有多余的财富可用于投资不可或缺的基础设施——机器和建筑，这些财富由英国的海军和军事胜利以及成功的早期海外帝国的建设而积累。另一个因素是伴随着 1688 年"光荣革命"而带来的金融和保险服务的快速增长，如证券交易所和英格兰银行的成立，以及随着君主立宪制取代传统的"君权神授"而发生的根本性政治变革。在这些条件下，一个更加开放的政府形式鼓励了企业和一定程度的自由化。

　　刺激工业活动增长的另一个重要因素是新颖的科学思辨所带来的蓬勃的探索精神，这种精神始于弗朗西斯·培根倡导的实验科学和伽利略在 17 世纪初通过望远镜收获的戏剧性的发现。1662 年皇家学会成立，艾萨克·牛顿对运动和重力的定义，以及法国哲学家和科学家笛卡尔对知识自由的自信宣言"我思故我在"，都证实了科学探索在 18 世纪后期日益普及。同时，这一时期的人口发展，政府为了提高农场的生产力而批准的圈地计划使农业生产者及其家庭流离失所，并成为新工厂的劳动力。对这些人中的大多数来说，这是个艰难的过渡。所有这一切都有力地推动了国家工业化的进程。

　　在这场被称为"工业革命"的变革中，最突出的因素是 18 世纪初出现的蒸汽机。如第 1 章所述，起初蒸汽机是以纽科门的大气式发动机出现的。到了 19 世纪的最后 25 年，詹姆斯·瓦特的技术和他的合作伙伴马修·布尔顿的商业头脑已经将纽科门的设计转化为能够带动车轮的多功能机器，满足了许多工业应用中的直接需求。特别是，这些机器很快取代了全国许多地方兴起的大型工厂中的水力，成为生产大量纺织物，特别是纺织棉花和羊毛的工厂，还涉及造纸、陶瓷、化学生产、酿酒和许多其他应用。得益于在整个 19 世纪不断地对蒸汽机的性能加以重大改进，使英国成为世界上第一个工业国家。

英国作为唯一的工业国家并没有保持太久。1851 年，当英

图 3.2 埃尔斯卡引擎室。位于巴恩斯利附近的埃尔斯卡的煤矿机房，是现存的少数几个纽科门式蒸汽机之一，它用于从煤矿中抽水。最近，它被修复成了原来的样子。（安格斯·布坎南）

国成为在海德公园"水晶宫"举行的工业博览会（现称"世界博览会"）的东道主时，其国际工业霸主地位鲜有敌手，但在许多外国展品中已经出现了创新的迹象，如美国的农业机械。1870 年，随着美国从其毁灭性的内战中恢复过来，有了成为英国一个强大的竞争对手的潜力。同样，此时的德国已经在普鲁士的领导下实现了统一，并在 1870 年的短兵相接中战胜了法国，在为军事目标部署其工业资源方面表现出惊人的效率。到 19 世纪末，美国和德国在钢铁生产和其他工业绩效指标方面都超过了英国，而欧洲其他国家和更远的地方，如日本，也开始认识到工业化的价值。英国逐渐失去了其独一无二的工业领导地位，成为国际上经历了工业革命的众多工业国家之一。

整个 19 世纪，英国在世界工业化进程中发挥主导作用期间，严重依赖蒸汽动力。其他动力源并没有就此消失，就水力而言，其在水力发电装置中重获新生，但英国没有足够的具有落差的可用于水力发电的高地，水力无法成为蒸汽机的竞争对手。因此，这一时期的英国工业严重依赖蒸汽机，无论是固定式还是机车式。瓦特的专利权在 1800 年失效，使用比瓦特认为安全的更高压力的蒸汽发动机就变得普遍，效率优势也更高，如理查德·特雷维西克和其他人设计发明的"康沃尔发动机"。发动机本身也变得更加紧凑，如特雷维西克开创的蒸汽机车，接着由乔治·斯蒂芬森和他的儿子罗伯特为第一条全面运行的铁路所进行的改进。

更高的蒸汽压力使设计者能够通过数量"叠加"使蒸汽机更加高效，也就是说，在压力逐渐减小的情况下将蒸汽通过两个或更多的汽缸，使它们运行起来更加经济。19 世纪下半叶，"三缸"复合式蒸汽机，即三个立式汽缸，向下驱动螺旋轴，成为大大小小的蒸汽船的标配。效率的不断提高促进了蒸汽机的许多其他改进，进一步提高了性能。这些改进包括：改进阀门和其他工作部件；"高压"蒸汽；"单流"发动机，蒸汽单向通过汽缸，通过中间的端口排出，从而最大限度地减少热量损失；"高速"发动机，汽缸被润滑油包裹，以减少磨损和撕裂。

蒸汽机最后阶段的改进是将活塞在汽缸内的标准线性运动转变为直接的圆形驱动。1884年，查尔斯·帕森斯发明的蒸汽涡轮机实现了圆形驱动，其原本的目的是驱动发电机，但立即被改造或适用于拥有前所未有的速度驱动船舶的船舶发动机。在这些用途中，蒸汽机在20世纪上半叶持续发挥着重要作用。

20世纪上半叶，蒸汽动力在陆上和海上运输以及大多数工业应用中失去了垄断地位，动力来源已经被电力和天然气或石油燃料逐渐取代。电力的产生需要一个"原动力"，在这个角色上，蒸汽涡轮机一直表现不错，尽管水力发电和内燃机也在参与。实际上内燃机已经掌控了公路运输，在大型车辆中燃烧重油燃料的柴油机，以及在汽车和飞机中使用较轻燃料的发动机（石油或汽油或航空燃料）。柴油机已经取代了许多铁路机车的蒸汽动力，但从长远来看，电力似乎可能成为世界铁路使用最广泛的动力来源。因此，随着化石燃料的枯竭和存在发生种种危机的可能，如何高效安全发电将成为一个重要问题，如1986年切尔诺贝利灾难。核反应是能够通过提供热产生蒸汽来转动涡轮机和发电机发电的能源，希望核反应堆能够安全地提供足够的电力，以满足日益增长的消耗，直到替代新能源的产生，如核聚变而不是核裂变。

产业调整

与此同时，工业格局再次发生了变化。从主要以蒸汽为动力向电力和内燃机为主要动力的过渡是第一个变化。在第一次工业革命中占主导地位的行业——煤炭、纺织品、重钢铁生产、工程和造船——走向衰落，所有这些行业仍然很重要，但是它们逐渐

图 3.3 科尔布鲁克代尔炉。1709 年，亚伯拉罕·达比改造的用焦炭冶炼铁矿石的原始高炉露天保存多年，目前它在玻璃罩保护下免受风雨侵蚀。（安格斯·布坎南）

从英国和欧洲转移到新兴工业化国家。煤炭开采是由地质条件决定的，英国拥有几个优质的煤田，尽管已经从 1913 年的年产 2.7 亿吨的历史峰值下降了，但其储量仍可继续开发。从 20 世纪 80 年代开始，煤炭行业和政府之间的冲突导致许多有利可图的矿井关闭后，煤炭行业逐步崩溃了，这种转变也因为越来越依赖电力和内燃机作为主要动力来源而进一步加剧。

曾占主导地位的煤炭行业的衰落，导致许多严重依赖煤炭的行业的衰落亦步亦趋，如钢铁、造船和纺织业，在所有这些行业中，蒸汽动力曾是如此重要。英国炼铁业的根基至少可以追溯到中世纪，但直到 18 世纪初，亚伯拉罕·达比在什罗普郡的科尔布鲁克代尔采用焦炭作为高炉的主要燃料时，炼铁工业才开始蓬勃发展。炼铁工业在英国中部的许多地方迅速蓬勃发展，特别是伯明翰周围的所谓"黑郡"，以及南约克郡、东北煤田和苏格兰中部。巨大的炼铁厂集中在这些地区，大型蒸汽机驱动轧辊来生产铁板、铁轨和铁条，附近还有高炉将铁矿石冶炼成铁，并有固结炉和坩埚炉将铁炼成钢。后来又购入了贝塞麦炉，通过将冷空气穿过敞口大锅中的铁水，在一连串燃烧的火花中去除杂质，提高冶炼的铁的性能，还有西门子的"平炉"工艺也经历了改进，两者都于 19 世纪 50 年代引进这一区域。还有一些重要的辅助工艺，需要频繁地对金属进行再加热，并使用詹姆斯·纳斯密斯的蒸汽锤进行锤击，它本身就是一个垂直蒸汽机，驱动沉重的锤头落在位于砧板的工件上。20 世纪中期，许多这些工艺的动力从蒸

图 3.4 马森磨。德比郡德温特河上的磨坊之一，由理查德·阿克莱特爵士在 18 世纪末开发用于棉纺。现在它被改造为其他用途。（安格斯·布坎南）

汽变成了天然气和电力，该行业在努力适应这些创新和应对频繁的重组方面步履维艰。造船技术发生了变化并转移到其他地方，对最终产品的需求下降无疑对冶铁业更是雪上加霜，而且许多工程行业转向使用铝，因为它比铁和钢更轻。

纺织业在 18 世纪中叶至第一次世界大战结束期间一直是英国的主要工业部门之一，但在此之前，纺织业受到了海外市场的强烈打击。尽管物质证据早已消失，但可以肯定的是，加工来自植物和动物的天然纤维的工艺是最早的行业之一，此时人们努力纺织并制衣。在英国，最早的纤维来源可能是亚麻，亚麻是一种草，亚麻纤维可以纺制成亚麻布，还有羊毛，可以定期剪羊毛。在其他地方，来自植物的棉花和由蚕生产的蚕丝也被用于同样的目的。所涉及的生产技能包括将原材料转化为连续的线（纺纱），将线织成织物（织布或针织）。纺纱在传统上是一项家务劳动，即将原材料捻成一串紧密结合的纤维。通过使用由手或脚驱动的纺车，将捻线缠绕到纺车上，纺车使纺线这一过程成为机械化的工作。长期以来，这一直是单个纺纱工的工作，直到工业革命开始，诸如"纺纱机"和塞缪尔·克朗普顿的"走锭纺纱机"等机器的发明用于加工多个纱锭，以水或蒸汽为动力。从那时起，将大量机器组合起来，从单一来源获取动力，从而形成了第一批现代工厂，纺纱只是一个简单的步骤。

织布的操作较为复杂，更难实现机械化。最初，每根线都是手工编织的，将两根或多根线打成一连串的结，但"织布机"很快就被设计成一个互锁框架的联锁式结构，线可以通过该结构并被紧紧挤压到一起。最初采用手摇织机的形式，操作者可以坐在织机旁调整承载一组线（"经线"）的综框的位置，同时用手将承载另一条线（"纬线"）的"梭子"送入综框之间，并在每次通过时将线压入到位。一个弹簧装置优化了过程，将运载纬线的梭子从一侧弹射到另一侧（"飞梭"）。要想设计出一种使这一过程完全机械化的方法，需要相当的智慧和创新能力。织布机的机械化在 19 世纪初实现，动力织机在英国大量生产供工厂使用，而且在海外的应用也越来越广泛。

这些，连同一系列附属工艺，都有其单独的机器，是所有纺织工业的主要部分，只有少数例外，如在旋转框架上的抛丝工艺在丝绸工业中取代了纺纱。生产往往遵循不同地区的分组模式，例如，毛织品首先在英格兰西南部（格洛斯特郡、萨默塞特郡和威尔特郡）以及诺福克郡和萨福克郡蓬勃发展，随着蒸汽动力的引入，开始高度集中在约克郡的西区。丝绸的地方化程度较低，但也有几个小的区域中心，如德比郡，1717 年洛姆兄弟在那里建立了第一批工厂。随着机械化程度的提高，亚麻布趋向于退缩到边缘地区，如苏格兰和爱尔兰。

当从中东和美国南部各州的纺织原料"棉花"变得充足时，在 18 世纪末，理查德·阿克莱特和其他人在德比郡的河谷地区采用了棉花作为纺织业的原料，随后集中在曼彻斯特周围的兰开夏郡。罗奇代尔、伯里和博尔顿等城镇拥有几十家棉纺厂，通常纺纱厂设在多层建筑中，而织布厂因其机器较重且噪音较大安置在一楼朝北有天窗的棚子里。每一个工厂都有自己的大烟囱，显示出有一台功率强大的蒸汽机和一间锅炉房。"棉花王国"给这个行业的领导者带来了财富，也给整个国家带来了繁荣，尽管工人们的生活仍然很艰苦。在 19 世纪 60 年代，伴随着美国内战发生的原棉饥荒中，该行业侥幸存活，但直到第一次世界大战之前才强劲反弹。在此之后，出现了一种乐观的情绪，为该行业带来了大量新的投资，安装了许多新设备，但这并没有阻止纺织行业的急剧下降，甚至在 20 世纪 30 年代的大萧条之前。此后，面临新的供应问题和来自海外制造商的激烈竞争，繁荣的纺织行业几乎消失了，只有一些令人印象深刻的工业遗迹得以幸存。

纺织行业中做得很好的一个行业是机械制造，它为纺织厂提供必要的机器，特别是蒸汽机。这个行业需要独特的机器，许多机械工具制造商都受益于此，他们都需要各种形状和尺寸的车床，切割光滑表面的刨床，以及切割、钻孔和金属制品塑形的机器，此外还有无处不在的蒸汽机来驱动所有这些机器，以及詹姆斯·纳斯密斯在 19 世纪 40 年代设计的那种蒸汽锤。纳斯密斯自己的公司生产蒸汽机车和纺织机械，他因蒸汽锤而发财，退休后过上了绅士和业余天文学家的生活。像这样有能力制造几乎任何规格的机械的公司，对工程行业来说是幸运的，因为当纺织业衰落时，自行车、汽车和飞机的制造出现了新的机会。最近，该行业需要做出进一步的改变，以适应计算机和信息技术的快速发展，但工程行业比其他传统重工业更好地利用了这些变化。

图 3.5　布莱纳文。在南威尔士的布莱纳文，有几个处于不同衰败阶段的高炉幸存下来。现在它们构成了世界文化遗产的一部分。（安格斯·布坎南）

在英国工业革命中蓬勃发展起来的其他行业，在不同程度上成功应对了技术和市场需求的新发展。例如，陶瓷工业在 18 世纪和 19 世纪蓬勃发展，像乔赛亚·韦奇伍德这样的制造商在普通陶器和高级瓷器方面在全球享有盛誉。后者是一种特别精细的半透明陶瓷，由"陶土"或高岭土在高温下制成，在韦奇伍德和其他欧洲企业家发现其成分的秘密之前，中国的陶瓷已经生产了好几个世纪。韦奇伍德在康沃尔郡发现了丰富的陶土资源，使其制作精美的陶瓷雕像和餐具成为可能。陶瓷工业在 20 世纪蓬勃发展，但后来在与外国的竞争中逐渐萎缩，现在其昔日辉煌已成过往，斯塔福德郡"陶器"生产的独特景观及陶瓷烧制时特有的"雾"已经消失。

同样，玻璃制造、造纸、肥皂制造和各种化学工业也逐步萎缩，因为海外制造商削弱了他们的市场，他们在采用新工艺方面落后于竞争对手。所有这一切都涉及英国工业的一些急剧的重组，但把这个过程看作是向"后工业社会"的过渡是错误的。事实上，对工业繁荣的需求比以往任何时候都要大，因为维持英国令人羡慕的高生活水平需要工业继续生产社会需要的商品。其中一些商品是各种电子设备，这些设备已成为现代家庭的必需品，既包括烹饪、洗涤、冷藏和空调等功能的机器，也提供了由电话、广播、电视和个人电脑通信和娱乐功能的设备。目前，英国倾向于将这类设备的生产转移给海外制造商，可以雇用廉价的劳动力来完成这些工作，从而获得更高的利润。也许有必要重新评估商品海外制造的优势，以确保生产这些设备的必要技能不落旁人之手。

随着英国曾经的主导产业的缩减，有时会出现这样的情况：国家是靠一种"印度绳索把戏"来维持的，即财富是在没有明显支撑的情况下维持的。当然，这是一种错觉，是由于国民未能充分理解技术的特性和创新的本质而造成的。事实上，英国通过利用高标准的教育获得科学和技术技能，通过专利和海外技术转让等合同设计和制造产品，保持了其在工业国家中的领先地位。英国还通过银行业和其他金融工具（如保险）获得了巨额国民收入，即使受到纽约和法兰克福等其他国际金融中心的挑战，伦敦仍然在这些领域发挥着巨大作用。此外，英国高标准的高等教育体系吸引了大量的海外学生，他们对英国的财政作出了巨大贡献，教育作为一项重要的国民服务也值得鼓励。卓越教育开启了工程和制药方面颇具价值的创新，这是一个值得称道的记录，尽管英国的实业家们也不总是能积极将创新商业化。

英国实际上卖的是什么？英国早已不再是煤炭燃料的净出口国，北海的石油开采也是非可持续资产，尽管它在过去 40 年中在保持相对较低的能源成本方面发挥了巨大的作用。高质量的钢材为谢菲尔德维持钢铁工业的声誉作出了莫大贡献，类似的高质量工程产品——特别是飞机和航空发动机工业——保持良好的出口潜力。其他如服装和皮革制品行业的顶级生产商陆续寻找有利可图的市场，而陶瓷、玻璃、皮革制品和糖果等行业产值不断下降。在这种高质量发展的条件下，英国努力找到未来成功的最大希望，同时这也意味着复杂技能水平的不断提高，而这种提高只能从各级教育能力的扩大以及政府的鼓励中获得。作为国民基础产业的农业和渔业也是如此，这些产业应该得到与作为一个几乎能够养活自己的国家的巨大价值相称的支持和回报，甚至考虑到参与国际市场，英国将需要依赖非本地食品。同样，世界的鱼类资源也需要精心管理，以确保这种珍贵的食物来源的持续供应。英国在 20 世纪的两次世界大战中认识到，自力更生是维护民族自信的重中之重。

新的工业发展

民族自信问题的另一视角是，在采用先进的组织和管理方法方面英国有落后于美国和其他先进工业国家的趋势。19 世纪 50 年代，美国率先在其工业领域发展标准化和集约化规模生产，这被称为工业组织的"美国体系"，尽管英国在制造机器和其他设备的可更换部件方面作出了杰出成果，如马克·布鲁内尔的制块机，用于生产"纳尔逊勋爵"海军帆船中大量使用的木制索具"滑轮"。亚当·斯密在 1775 年首次出版的《国富论》第一章中明确设想了标准化产品（如针、钉子等）的专业化生产。同样，约瑟夫·惠特沃斯等顶尖工程师在 1851 年的万国博览会上展示了标准化测量和机器零件精确互换的优势。正是在那个时候，美国对这一原理的应用首先得到英国民众的效仿，比如柯尔特左轮手枪等小型武器和脱粒机等农业机械，而大多数英国实业家似乎对这些创新反应迟钝。后来，亨利·福特在大规模制造其革命性的汽车生产时积极采用了这种模式，在移动的装配线使用标准化的零件生产，并将价格定在他自己的工人能够接受的范围。工业自动化程度的提高改变了劳动技能，因为加工过程越来越依赖于机器的重复性和相对熟练的操作，工作重点转移到能够控制和维护机器的工人身上。福特的朋友弗雷德里克·温斯洛·泰勒设计了"工作效率"规程，他为现代管理实践奠定了基础，其中包括确保半熟练工人和完全熟练工人之间的平衡。

继美国的这些举措之后，法国、德国、日本、英国等其他国家也纷纷效仿，并根据自己的情况加以调整。同时，随着信息技术的发展，工业机械的自动化程度也在不断提高，工业格局再次发生了变化。现代工厂的结构已经变得相对灵活，摆脱了对方便运送燃料和原材料的火车站的依赖，也摆脱了对当地劳动力的依赖，国家电网可以随时提供电力，工人可以在公路干线网驾驶机动车。劳动力本身拿得到合理的报酬，受制于定期更新的劳动协议，工人大部分时间是在监督机器或驾驶设备。环境空气清新，具有可以饮用的自来水，也许这里有一种压倒一切的统一风格，所以斯温顿的工厂和卡莱尔的工厂非常相似，但开明的管理层可以确保在室内陈设和娱乐设施的细节设计中尽可能地尊重当地特色和偏好。这是一个良好的工作环境，当然一些个人也会到其他地方寻找不一样的生活和娱乐。

无论个别国家的命运如何，工业化进程已经在现代世界牢固确立，如果没有严重的国际冲突或其他灾难的发生，工业化进程将无限期地持续下去。全世界都在积极寻求更强大的能源来源，探索新材料和新工艺，因此，随着各国努力保持与竞争对手的竞争地位，对技术进步的需求正在加速。国家自力更生和独立的根本是能源供应问题。如果英国要保持领先的工业国家的地位，就必须解决获得既安全又可靠的能源的问题，化石燃料的消耗殆尽可能在未来几十年出现。工程师们已经找到了利用风能和水能的传统和巧妙的新方法；传统的利用方法是风轮机等设备，是古代风车的直接后代；新的利用方法是潮汐发电和波浪发电，以及利用地热资源。其中一些项目可能造成的破坏和巨大的资金成本阻碍了企业的快速决策，但化石燃料的日益稀有和成本的增加最终使昂贵的替代方案变得更加现实，其中最易实现的是原子能。

原子能

1945 年 8 月，原子弹在日本的广岛和长崎被引爆，第二次世界大战于此突然结束。在此之前，由于日本决心洗刷在西方盟国和最近打败纳粹德国的苏联手中失败的耻辱，这场已经持续了6 年的战争似乎有可能被无限期地延长。新武器所造成的破坏是如此之大，以至于日本政府匆忙投降，以避免在其国家的中心区域造成类似的破坏。胜利的盟国后来对他们投放原子弹所造成的破坏规模，以及原子弹导致的辐射污染的长期影响和不断扩大的伤亡名单感到非常震惊，以至于盟国中的一些人开始对行动是否明智持保留意见。截至目前，这两次原子弹爆炸仍然是以人类为目标使用新武器的唯一实例。

19 世纪末，科学家发现某些重金属具有辐射，通过使用这些重金属释放的 X 射线对医疗实践产生直接影响，启发了卢瑟福的原子结构"行星"模型以及理论上分裂某些材料的原子释放出巨大的爆炸能量的可能性，最终设计并制造了原子弹。1939 年的战争危机导致研制和利用原子弹的军备竞赛，西方盟国在 1945 年夏天实现了这一目标并立即付诸实施。从那时起，世界各国一直生活在全面核战争的阴影之下，最严重的冲突发生在"冷战"时期；随着世界各国的发展，拥有核武器的国家也逐渐达成了核武器协议以避免灾难的发生。

同时，通过"核反应堆"和平利用原子能产生能量，通过慢速核反应逐渐释放热量，通过涡轮机提升蒸汽来产生电力，已经被广泛探索并付诸实践，为世界化石燃料的消费减轻了压力。在准备核燃料、安全使用核燃料和处理放射性废物方面，存在许多困难。迄今为止，最严重的核反应堆事故是 1986 年发生在乌克兰的切尔诺贝利核电站事故，这是由于人为失误造成的；2011 年发生在日本的福岛核电站事故，是由地震引发的海啸冲垮了海防导致的，这两起事故都接近于灾难性的辐射泄漏。因此，原子能的和平应用的发展一直不平衡，导致公众对其安全性的严重质疑，似乎只有通过实现对核聚变而不是裂变的控制才能减轻对其安全性的焦虑。这在理论上是可能的，但它需要在几秒内保持极高的温度，而实现这一目标的方法有待进一步研究实现。对核聚变研究的回报将是很高的，因为海水中的简单元素将为核聚变提供丰富的廉价燃料，同时避免产生有害的废物。

除了寻找核裂变和核聚变的动力源仍然困难重重外，第二次世界大战还激励了其他重要的技术创新，这些技术创新有些是以往发现的再创新，也有的是全新的技术。在人工材料领域，例如"塑料"从煤和石油中的碳基材料的分子聚合中得到（有别于橡胶等传统的"塑料");"赛璐珞"被发现有重要用途,可用于摄影胶片;"胶木"被发现用于固体物品,如无线机箱;"尼龙"被发现可用于降落伞织物和女袜。自第二次世界大战以来,其他新材料陆续被引入,包括用于各种不同用途的金属合金,最后是碳素钢纤维,在航空工程中,在具有巨大重要性的重量/强度比方面,显示势如破竹的优势。

在制药领域,自1928年亚历山大·弗莱明发现青霉素以来,一直被忽视的抗生素以及其他药物和杀虫剂,在战争期间作为医疗用品得到了极大的发展。战争还刺激了医疗设备的改进,进而拯救了无数的生命,催生了用于扫描病人内部器官的现代机器,并使移植这些器官的极其复杂的手术成为可能。

在飞机工程领域,由弗兰克·惠特尔在20世纪20年代发明了喷气式发动机,由他和其他欧洲发明家在30年代缓慢开发改进,和直升机一样,直到战争期间才成功投入使用。以汽油或柴油为动力的内燃机在整个20世纪一直保持着在公路交通中的主导地位,并且这种主导地位保持到21世纪,直到铁路交通经历了实质性的突破。蒸汽交通在战争中幸存下来,但随后基本上被电力牵引所取代。柴油发动机在许多铁路上享有相对短暂的领先优势,但毋庸置疑,世界上大多数干线铁路将继续保持电动牵引的既定趋势。"磁悬浮列车"——使用强大的磁性使列车悬浮在准备好的轨道上,驱动列车沿轨道行驶——几十年来一直在缓慢发展,但最近在日本、德国和其他地方获得了一些运营上的成功。与传统轨道相比,磁悬浮列车因其高昂的安装成本使许多运营商望而却步,但它具有高速和安全的公认优势,似乎有着光明的前景。

自战争以来

1944年,西方盟国能在欧洲大陆的诺曼底登陆,在很大程度上得益于移动港口和管道的巧妙构想。即便战败在即,纳粹用他们的"复仇"武器，V-1 和 V-2，对英国造成了严重的破坏。V-1 是一种高效的飞行炸弹，它沿着预先设定的轨道飞行，直到燃料耗尽；V-2 是一种导弹火箭，太空时代的火箭都是从它衍生而来的。这些火箭构成了一种新的原动力，它们的推进能量来自挥发性燃料（通常为液体形式）的燃烧。导弹已成为现代战争中不可或缺的武器，尽管最大的导弹——洲际弹道导弹——还没有投入作战使用。最引人注目的是，火箭在探索地球大气层以外的空间方面的表现令人印象深刻，包括登陆月球和驶往太阳系其他行星。

第二次世界大战还催生了另一项成功的并且极其重要的技术发展，即英国工程师在战前发明的"雷达"，作为一种无线电探测装置产生了巨大的影响。世界电子工业当时正处于起步阶段，但由于雷达和无线电的出现，现代"计算机"应运而生，它最初是为破译密码而设计的，但它已经改变了现代生活和工业。计算机本身源于 19 世纪查尔斯·巴贝奇和阿达·洛夫莱斯之间的杰出合作，前者是计算机的"差分引擎"和用于解方程的"分析引擎"的创造者，后者是一位数学天才，设计了一个使这类机器能够被编程的数字公式。

实际上，因为这些机器过于复杂，以 19 世纪中期的技术无法制造，直到一个世纪后，电子阀的发展才使之成为可能。随后，艾伦·图灵在布莱切利的秘密政府机构从事破解敌方密码的工作，汤米·费劳尔斯于 1943 年设计出"巨人 1 号"计算机用于破解纳粹通信，这是巴贝奇·洛夫莱斯愿望的首次实现。战后不久，"晶体管"的发明——一种简单而坚固的、能够检测无线信号的半导电金属组合取代了热电子阀，使计算机的小型化、印刷电路、微小型化和"纳米技术"——在原子或分子尺度上操纵物质的新科学，这些近乎奇迹的能力成为可能。计算机从巨大的机器缩小到手持的手机和平板电脑。这是一场壮观的技术革命。

所有这些设备以及更多，如西奥多·梅曼在 1960 年发明的激光（"受激辐射的光放大"）和大量的其他电器，导致对驱动它们的电力的需求不断增加。从长远来看，解决世界社会的电力需求将取决于某种直接获取太阳能的方式，而不是使用对空间要求极高的太阳能电池板。为了生存，未来复杂的工业社会将需要找到成功解决这一问题的方法。近几十年来技术进步的速度使得在 21 世纪实现这一目标的前景成为一种合理的期望，并将充分证明使用"技术革命"这一概念来描述自 18 世纪初以来现代世界的转变是正确的。

拓展阅读

Brown, JAC: *The Social Psychology of Industry* (Penguin, London, 1954).

Buchanan, RA: *The Engineers: A History of the Engineering Profession,* (London, 1989).

Landes, David: *The Unbound Prometheus* (Cambridge, 1969).

Mathias, Peter: *The First Industrial Nation*, (Methuen, London, 1969).

Pollard, Stanley: *The Genesis of Modern Management,* (Penguin, London, 1968).

Rolt, LTC: *Tools for the Job: A short history of machine tools,* (Batsford, London, 1965).

第 4 章

结构——建筑和土木工程

斯蒂芬·K.琼斯

从古至今，人类社会一直在努力改变、适应周围的环境。起初，建筑结构上的变化都基于实践经验。直到文艺复兴时期，人们才逐渐理解结构工程中蕴含的物理科学原理。工业时代之前，结构材料表现的原理仍是未知。16 世纪，列奥纳多·达·芬奇在缺乏梁理论和微积分的情况下，仅通过科学观察和实践，就做出了工程设计。接下来的一个世纪里，伽利略·伽利雷、罗伯特·胡克、艾萨克·牛顿和戈特弗里德·莱布尼茨都对现代工程的科学基础作出了贡献。到了 18 世纪，莱昂哈德·欧拉为工程师提供了建模和分析结构的方法，并与丹尼尔·伯努利合作，提出了欧拉 - 伯努利梁理论，这是结构工程设计中的一个重大突破。1757 年，欧拉提出了他的临界力公式（也称欧拉公式），从此，工程师能设计出更好的压缩构件。工业革命期间，材料科学和结构分析是推动工业变革的重要力量，很多新的结构材料崭露头角。这一时期，钢铁行业的发展让英国从一个以农业经济为主导的农业国转变为掌握了各种材料的基本特性的工业国。

土木工程协会（ICE）是一个专业团体，它的诞生标志着土木工程实践向前迈出了一大步。这个协会成立于 1818 年，它代表着一个"全新"的职业，该职业可以说是工业时代的第一个职业。在此之前，能称得上专业职业的，只有律师、医生和神职人员，这三种职业都有悠久的历史。工业革命见证了工程师和建筑师分离成两个独立的职业，也见证了从 19 世纪到 20 世纪初，职业工程师的兴起。结构理论的发展，工程材料的专业知识和应用的进步，改变了建筑环境的面貌。建筑环境之所以会不断变化，主要是因为大量新材料应用于建筑领域，例如 20 世纪陆续出现的耐高温金属、轻型合金、塑料、合成纤维等。相比于 19 世纪的建筑材料，这些新材料更好、更通用、更便宜，因此用途广泛。其中一些新材料还具有多种特性，催生了新的工程设计。20世纪 50 年代，数字计算机面世，从此有限元分析成为结构分析和工程设计的重要工具。得益于先进的分析方法和新兴的计算机建模，结构工程设计领域迎来了飞跃发展。

传统建材：石材、砖和木材

石材是一种广泛的建筑材料，从古至今一直在使用。大多数建筑都反映了当地石材的特点，许多小城镇和村庄都有自己的采石场，石材多种多样的颜色和纹理能够反映当地的地质情况。工业时代之前，诺曼人不会为了盖房子而特意从遥远地区购置石料，除非是修建大型宗教建筑或城堡等重大工程项目，在这种情况下，诺曼人喜欢使用米黄色的石灰石。同时期，砖（和砂浆）也是一种有效的建筑材料。相比于石料，砖的抗拉强度较低，所以才有了独特的拱形设计。砖是一种人造石材，人们将黏土压制成尺寸一致的长方体，再通过火烧或日晒定形。1776 年，《砖瓦法案》规定了砖的标准尺寸；1883 年，政府开始针对这种标准尺寸的砖石征收消费税。19 世纪中期，在铁路快速发展的大背景下，大造砖行业蓬勃发展，同时砖结构建筑的普及，再加上砖块便于运输，19 世纪末，砖的生产都由机器完成，并用线割法切割分块。

木材也是历史悠久的建筑材料。工业革命初期，建造桥梁需要大量木材。尽管石材曾经主导建筑材料，进入 19 世纪后，砖拱结构越来越多，生铁、熟铁、钢材等"新"建筑材料也开始相继出现，但是木材仍占有一席之地。大量的高架铁路和桥梁的建造都能用到木材。18世纪，英国本土的硬木资源变得稀缺，橡木就是其中的代表。随着造船业的发展，波罗的海国家开始大量供应软木。波罗的海松木比钢铁便宜得多，而且可以在现场加工，无须锻造。19世纪40年代，布鲁内尔在建造高架铁路和桥梁时大量使用木材。在布鲁内尔的设计中，木制构件被设计成可替换的——能换下腐烂、有缺陷的部件，这种可更换部件的设计在结构上并不是必需的。布鲁内尔的木桁架结构，特别是"扇形"结构，使用了大跨度横梁，为高架铁路的设计提供支撑。其他工程师，如威廉·库比特、托马斯·隆里奇·古奇、约翰·格林、罗伯特·斯蒂芬森和约翰·萨瑟兰·瓦伦丁也设计过木制高架桥，其中一些采用了层板拱。

生铁

18世纪末，生铁和熟铁都是常见材料，两者在结构工程里的作用也越来越大，生铁与熟铁的性能完全不同。生铁能够承受的压缩强度大，但是不太能承受拉伸。熟铁的延展能力强，可以适应高强度的压缩与拉伸。1769年，位于西约克郡的柯克利斯的一座跨度为21.95米的熟铁桥建成，早于著名的希罗普郡铁桥。1779年，希罗普郡铁桥完工，这座生铁桥是由亚伯拉罕·达比三世设计建造的，他是科尔布鲁克代尔钢铁公司的创始人。希罗普郡铁桥是现存最早的生铁桥，后来证实生铁不适用于大跨度的铁路桥，但是在接下来的60年间，这种建桥模式非常流行。生铁同样应用在建造建筑物上。下一座大型生铁桥是威尔茅斯桥，于1796年建成。有些人认为，这座桥的设计归功于激进派作家托马斯·潘恩，实际情况是，罗兰·伯登在征询建筑师与工程师的建议后，敲定了威尔茅斯桥的最终设计稿。威尔茅斯桥的跨度达到了73.15米，跨度是希罗普郡铁桥的两倍，是当时世界上最大的单跨桥，船只可以在不降低桅杆高度的情况下从桥下通过。

图 4.1 第一座
威尔茅斯桥，由
爱德华·巴克
豪斯（1808—
1879）于1854
年拍摄。目前的
桥是在这个位置
上的第三座威
尔茅斯桥，是
1929年开放的
通天拱桥。（照
片由桑德兰博物
馆和冬季花园提
供并拥有版权）

1805年，威尔茅斯桥经历大修；1859年，罗伯特·斯蒂芬森重建了这座桥梁。

　　1792年，威廉·斯特拉特在德比郡的贝尔珀建造了一座纺织厂，使用生铁柱子承载木质地板横梁，用石膏保护以防火。位于什鲁斯伯里的迪瑟林顿亚麻纺织厂建于1797年，按照查尔斯·贝奇的设计建造，是世界上第一座具有内部铁架的建筑。贝奇请来了铁器创始人威廉·哈泽尔丁，他在什鲁斯伯里的工厂铸造了这些柱子和横梁。斯特拉特和贝奇后来合作建造了贝尔珀北磨坊，该建筑采用了全生铁框架——世界上第一座完全"防火"的建筑。在此之前的几年里，他们在梅瑟蒂德菲尔建造了第一座生铁轨道桥蓬特－伊－卡夫诺，跨越塔夫河。这座桥的跨度为14.63米，于1793年1月获得批准，可以肯定的是这座桥由赛法斯法钢铁厂的工程师沃特金·乔治建造的，至今仍屹立不倒。由于生铁缺乏抗拉强度，工程师们有过度设计的倾向，在这方面，人们发现熟铁更有优势。

熟铁

　　熟铁字面意思是"加工过的铁"，是铁匠加工生产的传统材料，他们会用锤子反复捶打加工。最早的熟铁是"炭铁"，顾名思义是在炭火中烧制锤打，这种铸铁加工方法从铁器时代到18世纪末都在被使用。"水坑铁"是在间接燃煤炉中对熟铁进行再加工，这种加工方法在工业革命开始时投入使用。熟铁的硬度较低，比现代的低碳钢更具可塑性和耐候性。熟铁的使用范围越来越广，特别是随着19世纪初铁链吊桥的发展。第一座悬索桥是由塞缪尔·布朗上尉（后来的爵士）于1820年建造的，横跨诺森伯兰郡和伯里克郡之间的特威德河，是当时世界上最长的锻铁悬索桥，也是英国第一座车行桥。这座桥的建造者布朗为自己设计的熟铁链条申请了专利，这些链条是在布朗的庞特普里斯链条厂制造的。该悬索桥悬挂点之间的长度为133.2米，宽度为5.5

图4.2　悬索桥，现在是一级保护建筑和古迹。（斯蒂芬·K.琼斯摄）

米，是世界上最古老的吊桥，目前仍可通车。布朗此前曾与托马斯·特尔福德合作，在朗科恩设计了一座早期未完成的默西河大桥，他的链条设计影响了特尔福德后来在梅奈和康威的悬索桥设计。

悬索桥虽然灵活性高但不适合铁路使用，伴随着对更大跨度的需求不断增加，导致对锻铁梁和桁架桥的需求的扩大。第一座锻铁桥是由安德鲁·汤普森于 1832 年为格拉斯哥附近的波洛克和戈文铁路建造的。然而，激进的发展带动从 19 世纪中期威廉·费尔贝恩的工作到罗伯特·斯蒂芬森的管状铁路桥，推动了铁路桥的迅速发展。布鲁内尔在同一时期还设计了管状悬索桥，尽管切普斯托桥被视为他的皇家阿尔伯特桥的前身，但切普斯托桥本质上是普拉特式桁架设计的原型。最后用锻铁建造的大型建筑之一是埃菲尔铁塔，由古斯塔夫·埃菲尔和莫里斯·科赫林于 1889 年建造。

图 4.3　福斯铁路桥，是英国第一个钢基大型建筑项目。钢材由西门子兰多尔工厂和苏格兰钢铁公司提供。照片由乔治·华盛顿·威尔逊（1823—1893）拍摄。（图片来源：土木工程师协会）

钢

从 19 世纪中期开始，生铁和熟铁逐渐被钢所取代。19 世纪 50 年代，亨利·贝塞麦发明了一种工艺，通过向"转炉"中熔化的铁水通冷空气来制造钢的工艺，从而使大型钢结构变得切实可行。大约在同一时间，威廉·西门子完善了他的"平炉"工艺，这两项工艺技术的发展使低碳钢得以大量生产。尽管早期用低碳钢和低合金钢制造的结构出现脆性断裂问题，但在结构工程中仍逐渐取代了生铁和熟铁。第一座用钢建造的大型铁路桥是 1870 年芬兰屈米河上的屈米铁路桥。美国圣路易斯的伊兹桥，是由詹姆斯·布坎南·伊兹设计并于 1874 年通行的，是第一座合金钢桥。钢铁时代最著名的是福斯铁路桥，它有三个巨大的悬臂。福斯铁路桥是由本杰明·贝克和约翰·福勒爵士与承包商威廉·阿罗尔共同设计的，该桥于 1890 年建成启用，它是当时世界上最长跨度的悬臂桥，两边分别的跨度为 521 米，如今它是仅次于加拿大魁北克大桥的 549 米的第二长悬臂桥。经过 8 年的建设，横跨福斯湾长 2467 米的福斯铁路桥于 1890 年完工。

混凝土

波特兰混凝土于 1824 年由约瑟夫·阿斯普丁申请专利，作为"一种类似波特兰石的优质混凝土"。水泥早已存在，"罗马"混凝土从 18 世纪 50 年代起就在欧洲得到普及。阿斯普丁的专利使混凝土可以用常见的材料以低价制造，并拓宽了建筑应用的范围。1848 年，约瑟夫·路易斯·兰博特为他的"钢筋网＋混凝土"系统申请了专利，并于 1855 年用钢丝网混凝土造了一艘船——现代钢筋混凝土的前身。约瑟夫·莫尼尔利用钢筋网将这一技术向前推进，并申请了几项缸、板和梁的专利，最终形成了莫尼尔钢筋结构体系，这是首次在结构中受力区域使用钢筋。从1892年起，弗朗索瓦·亨内比克的公司使用他的专利钢筋混凝土系统在整个欧洲建造了数千座建筑物。1897年，在斯旺西建造的韦弗面粉厂是英国第一个，也是欧洲第一个多层全框架钢筋混凝土建筑。亨内比克系统的主要专利可以追溯到1897年，也就是在亨内比克的英国代理商路易斯·穆切尔的密切关注下，该厂建成的那一年。穆切尔将该系统推广到多种建筑中，包括码头、桥梁和挡土墙。到1908年，大约有130座混凝土框架的亨内比克系统建筑在英国建成，比任何其他建造系统的建筑都要多。在苏格兰建造的第一座钢筋混凝土桥是位于邓迪的一座8.53米的公路和铁路桥（1903年）。

图4.4 韦弗磨坊，由法国工程师弗朗西斯·亨内比克设计，1984年被拆除。照片摄于1979年。（图片来源：布莱恩·惠特尔，并在创作共用许可证下授权再使用）

1899年，威廉·里特提出了钢筋混凝土梁的抗剪设计桁架理论，埃米尔·默施在1902年对此进行了改进。罗伯特·梅拉

特的开创性成果是使钢筋混凝土成为一种结构形式，他对细节极其关注，横跨瑞士席尔阿尔卑斯山谷的萨尔吉那托贝尔桥，在他的作用下于 1930 年开通。预应力混凝土，应用张力来克服混凝土结构的拉伸性弱点，是由尤金·弗雷西内开创的，并于 1928 年获得专利。弗雷西内在 1908 年建造了一个实验性的预应力拱门，在 1930 年法国的普卢格斯特尔大桥上有限地使用了该技术。今天，混凝土是使用最广泛的人造材料。

新材料：玻璃、铝和塑料

17 世纪，吹制的平板玻璃是通过研磨阔板玻璃而制成的，这是一种劳动密集型的工艺。到 18 世纪，这种工艺让位于抛光平板玻璃的制造，后来引入了蒸汽动力的机器用于玻璃的研磨和抛光，使得大块的高质量玻璃的生产成为可能。1834 年，德国对圆筒平板玻璃工艺进行了改进，生产出了更大的、质量更好的玻璃，并成为制造窗户玻璃的主要手段，这种生产工艺的使用直到 20 世纪。1845 年，玻璃关税的终止导致需求大增，价格下降了 75%。英国制造商开发了玻璃在新结构设计中的潜力，如钱斯兄弟，他们是欧洲最早采用圆筒工艺的制造商之一。随后，约瑟夫·帕克斯顿设计了一种全新类型的建筑——水晶宫。采用平板玻璃和铸铁结构，支撑着木质地板，拥有 92000 平方米的展览空间。作为一种设计风格，它在很大程度上局限于展览厅和火车站的屋顶。

芝加哥的家庭保险大厦于 1884 年建成，是第一座使用钢结构作为框架的高层建筑，高 55 米，与当代的砖瓦建筑相比非常轻，通常被认为是第一座真正意义上的摩天大楼。熨斗大厦最初是作为富勒大厦建造的，是一座三角形的 21 层高 94 米的钢架建筑，位于纽约市曼哈顿第五大道 175 号，由丹尼尔·伯纳姆设计，具有美术艺术风格，由乔治·A. 富勒建筑公司为其总部

图4.5 水晶宫，建筑西端的外景，摄于1851年，出自《陪审团报告》（1852年），斯派瑟兄弟，伦敦。照片由克劳德·玛丽·费里尔或休·欧文拍摄。（图片来源：美国国会图书馆印刷和摄影部，华盛顿特区，LC-USZ62-63009）

建造。熨斗大厦是纽约最高的建筑之一，是一座极具创新的钢骨架结构的"摩天大楼"，承载了整个墙壁的重量。石灰石和赤土的外墙将罗马的古典特征融入雕刻装饰的现代建筑中。熨斗大厦的另一个创新是奥蒂斯公司安装的6部液压电梯。1903年，夹层玻璃横空出世，在两片玻璃之间加上一层薄薄的塑料薄膜，该技术使得窗户变大，安全性得到改善，其中大部分可以用玻璃隔条安装不分割的大块玻璃。这催生了高层建筑的玻璃"幕墙"设计。今天，玻璃强烈地影响着现代建筑设计。钢架成为20世纪现代高层建筑的重要元素，并被法兹勒·汗等结构工程师所采用。芝加哥的德威特－切斯特纳特公寓楼是第一座采用了管状结构设计的建筑，这为后来的摩天大楼（包括世贸中心）使用管状结构奠定了基础。

继钢材之后，铝是第二种使用最广泛的建筑金属，被用于窗框、屋顶、覆层和幕墙以及预制建筑。铝是一种"新"金属，最

图4.6 纽约的熨斗大厦，1902年该大厦正在建设中。（图片来源：美国国会图书馆印刷和摄影部，华盛顿特区，LC-D401-14278）

初是从铝土矿中提炼，1854 年开始商业化生产。铝具有卓越的强度重量比，比钢轻 66%，而且不易发生脆折断裂。普遍认为 1898 年罗马圣吉奥奇诺教堂圆顶的包层是铝首次用于建筑结构，它将在纽约装饰艺术风格的摩天大楼中发挥巨大优势。铝在土木工程方面的巨大优势在匹兹堡得到体现，1933 年出现了第一座铝制桥面，替代了史密斯菲尔德吊桥的钢制桥面。第一座全铝桥是 1946 年在纽约的马塞纳为铁路交通建造的宽 30.5 米的铆接铝板梁格拉斯河大桥。在欧洲，第一座铝制桥可以追溯到 1949 年。1955 年，哈特菲尔德的德哈维兰飞机库使用了铝合金桁架，使其净跨度达到 61 米。

严格来说，复合材料包括用黏土和稻草制成的砖和水泥，但第一种现代复合材料是玻璃纤维。除了船体和汽车面板外，玻璃纤维作为建筑面板的使用构成了现代建筑设计的一部分，塑料则在建筑的内部装饰和管道工程中发挥了重要作用。

工程：运河、港口、码头和灯塔

作为一个岛国，英国依靠其港口和码头来促进其对外贸易和商业的发展。最重要的莫过于通过河道治理、开凿运河、建造码头和灯塔来开辟内陆航运。英国第一条带船闸的运河是埃克塞特船运河，由格拉摩根的约翰·特鲁于 1564 年开工建设，1566 年秋完工通航。从罗马的供航行的河道遗存中可以看到，被称为"沟渠"的航道用于绕过河流中的障碍物并改善排水，达·芬奇设计的斜锁闸门，也称"人"字门，水压将"V"形闸门紧密闭合，该设计于 1574 年在利河上的沃尔瑟姆修道院使用。英国第一条没有沿着现有水道修建的运河是 1761 年开通的著名的布里奇沃特运河，由詹姆斯·布林德利设计。随着运河的繁荣，对工程师的需求吸引了许多其他学科的人，如采矿工程师和擅长使用水力开展工作的工匠。布林德利继续设计了特伦特和默西运河，并在后续负责了 300 多个运河项目。他为后来的大多数运河制定了标准，特别是狭窄的运河，他的许多助手成为知名的运河工程师。后来的工程师，如托马斯·特尔福德，逐渐摒弃早期的"等高渠"设计，转而使用切割和堤坝设计的直通运河。

港口和海港工程使 19 世纪的工程师们陷入繁忙的工作；事实上，由于船舶尺寸的不断增加，19 世纪的工程师几乎陷入不断地对港口和海港的扩建、改建甚至重新建设中，以满足航运业的发展需求。在河流入海口发展起来的浮动港口，逐步让位给具有单锁或双锁入口的湿船坞。有了更大的装卸通道，船只在退潮时不必"靠岸"，从而使航运有了更大的周转空间。在卡迪夫、利物浦和伦敦等港口，大规模的封闭式湿坞系统逐渐形成。英国的世界贸易推动了现有码头和港口的扩建、迫使其改进甚至被新建筑取代。推动改进步伐的不仅仅是船舶尺寸的不断扩大和蒸汽船的崛起，高昂的资金成本也要求码头的周转率越来越高，以确保利用率最大化。以前因为风向而被认为不适合船只航行的地点，现在可以通过蒸汽拖船在逆风的情况下方便地驶入，这些地方也渐渐发展起来。

第一个自称土木工程师的人是 1761 年的约翰·斯米顿。斯米顿负责重建埃迪斯顿灯塔，并参与了运河和河流的测量，在苏格兰的福斯和克莱德运河以及爱尔兰的大运河工程中与威廉·杰索普一起完成了他的杰作。杰索普的父亲乔西亚斯是一位海军船工，乔西亚斯曾与斯米顿合作过，斯米顿也曾将杰索普作为工程师进行培训。杰索普从事河道航行和运河工程方面的工作，他是大运河（大联合运河）、埃尔斯米尔运河、罗奇代尔运河、伦敦的东印度码头和布里斯托尔码头改造工程的工程师。在埃尔斯米尔运河上，杰索普与托马斯·特尔福德合作得并不融洽。特尔福德在被任命为什罗普郡公共工程测量员之前是一名石匠，承担了各种建筑工程的工作。特尔福德转而从事运河工程，在埃尔斯米尔运河工程中，在杰索普的领导下，他负责在庞特西勒特和奇克建造铁制渡槽。随后，特尔福德在英国和欧洲参与了更多的运河工程，在苏格兰建设了大量的港口，之后他还参与了公路建设工作，如伦敦至霍利黑德的公路，催生了梅奈悬索桥和切斯特公路上的康威悬索桥。这两座悬索桥都借鉴了威廉姆·哈泽尔丁在锻造铁链方面的专业制铁技术。约翰·雷尼在成为伦敦的工程师后也开始从事水力利用方面的工作，他成为肯尼特和埃文运河的工程师，并参与了许多码头和港口工程建设项目。

工程：采矿、排水和隧道

除了修建公路、铁路、运河和桥梁外，工程师们在采矿、开凿隧道和排水工程中也扮演重要角色。18 世纪之前，英国和爱尔兰的许多土木工程专业知识都来自欧洲其他地方，如德国的采矿业。很少有英国工程师在国外工作，但英国早期的一项主要海外工程是 1667—1680 年的丹吉尔防波堤。1782 年，英国军队在直布罗陀成立了一个士兵工匠连，负责在"岩石"上建造庞大的隧道网络和防御工程。这种技术类似在山坡或山脉的一侧开凿水平或接近水平的坑道或通道，以达到作业、通风或从矿井中排水的目的。为了往更深处开采矿物，需要开凿垂直的竖井。在 19 世纪，为了开采煤炭，竖井的深度不断增加。排水工程需要大量资金而且通常风险很大，工程建设需要通过议会的批准，因土木工程而获得开挖土地的权利，主要的计划包括对芬斯地区的贝德福德莱弗尔进行排水作业。荷兰工程师科尼利厄斯·维穆伊登被雇来落实工程实施的工作，他建造了一个精心设计的排水系统来排空沼泽地的水。在 1760—1840 年，根据议会法案，大部分的沼泽地被排干和围垦。随着土地的干涸，土壤因干燥而收缩，变得低于地下水位，变得更易受到洪水的影响。为了解决这些问题，抽水机不得不被引入，起初是通过风车驱动，后来是通过蒸汽机驱动，最终为人们带来了更多的可耕地。

世界各地都能找到隧道的史前实例，矿工开凿隧道已经有数百年的历史了，但更有战略性意义的隧道，如水下隧道，是在 18 世纪末出现的，其中包括拉尔夫·多德建议在泰晤士河河床下开凿隧道，此前他还曾建议在泰恩河下开凿隧道。康沃尔郡的工程师罗伯特·瓦兹提议建造一条从罗瑟希特到莱姆豪斯的隧道，这是泰晤士河的另一个项目。这些修建泰晤士河隧道的项目促使了泰晤士河隧道公司的成立，该公司于 1805 年根据通过的议会法案成立。从罗瑟希特到莱姆豪斯的隧道的建设充满了困难和洪水，另一位康沃尔郡的工程师理查德·特雷维西克被瓦兹找来参与工程实施，但这次尝试以失败告终。马克·伊桑巴德·布鲁内尔如今试图在泰晤士河下开一条隧道，并尝试以一种全新方法来完成这项壮举，即使用隧道盾来保护在工作面工作的矿工。隧道建设始于 1825 年，河水多次涌入，最严重的一次灾难性的水灾发生在 1828 年，当时有 6 个人溺亡，年轻的伊桑巴德·布鲁内尔作为常驻工程师，勉强逃过一劫。隧道被抽干，修复花费甚大，紧接着第二次大洪水耗尽了泰晤士隧道公司的资金。停工 7 年之后工程重新开始，1843 年，隧道终于完工，但没有马车通行的通道。如今，该隧道已成为伦敦地铁系统的一部分。

拓展阅读

Timoshenko, Stephen P: *History of Strength of Materials: With a Brief Account of the History of Theory of Elasticity and Theory of Structures,* (New York, 1983).

Billington, David P: *The Tower and the Bridge: The New Art of Structural Engineering*, (Princeton, 1985).

Blockley, David: *Bridges: The Science and Art of the World's Most Inspiring Structures*, (Oxford, 2010).

Collins, Peter: *Concrete: The Vision of a New Architecture*, (Montreal, 2004).

Cossons, Neil, and Trinder, Barrie: *The Iron Bridge: Symbol of the Industrial Revolution*, (Chichester, 2002).

Paxton, Roland: *Dynasty of Engineers: The Stevensons and the Bell Rock*, (Edinburgh, 2011).

Rolt, LTC: *Isambard Kingdom Brunel* (London: 1957) and *Thomas Telford*, (London, 1958).

Skempton, AW: *Civil Engineers and Engineering in Britain, 1600–1830*, (Aldershot, 1996).

第 5 章

运输I——航运简史

贾尔斯·理查森

地球表面 70% 以上被海洋、湖泊和河流覆盖。从史前开始，这些水域既是人类征服自然的障碍，也是人类探索和利用环境、迁徙和殖民新地区、推动贸易和旅行发展甚至战争的通道。因此，研究航运技术的演变以及人类与海洋世界的互动，是技术史研究必不可少的内容。本章将重点介绍船舶的考古遗迹，以概述从最早的航海活动到 20 世纪初的海洋技术发展。由于历史和地理范围如此之广，不可能对所有地区和时期进行同等深入的研究，本章将着重分享以地中海和北欧地区为主的考古证据的研究。

史前航行

最早使用海上运输的时间尚不清楚，但几乎所有的主要水路障碍都在很早的时候被跨越了。印度尼西亚的弗洛里斯岛发现了公元前 10 万年左右弗洛里斯人居住的证据。这些最早的居民一定是在最后的冰川期从大陆穿越 19.3 千米海路到达这里的。在欧洲，贸易航行早在公元前 11000 年就开始了，地中海的水手们将火山玻璃黑曜石从作为源头的美罗斯岛运往希腊大陆，在希腊大陆的人类定居点发现了被加工成刀片和刮刀等工具的黑曜石。来自深水物种的骨骼显示，中石器时代的人们在公元前 6000 年时就已经在地中海的近海捕鱼。

最早的水上交通工具可能是简单的筏子，由当地的材料制成，如原木、芦苇捆或充气的兽皮，依靠其单个部件的自然浮力实现漂浮。有人认为，弗洛里斯人是使用竹筏到达弗洛里斯岛的。

更为复杂的船只通过使用空心船体置换水中更大的排水量获得浮力，这一创新可能始于欧洲的独木舟或原木船。荷兰的佩斯独木舟被认为是世界上最古老的独木舟。考古发现的一根 3 米长的苏格兰松树干是用石器挖空的，碳 –14 年代测定显示它是公元前 8040 年至公元前 7510 年的中石器时代早期建造的。在尼日利亚发现的距今约 6250 年的杜富纳独木舟表明，世界各地的文明各自独立的具有独木舟的设计，同时还有其他形式的水上交通工具，如在框架结构上或编织的篮子上覆盖撑开的兽皮。这些船只可以发挥多种用途，包括在河流和海岸线上捕鱼、狩猎和运输货物。

青铜时代的航海业

公元前 3200 年，金属加工技术的革命性发展标志着航海业开始从低技术阶段向中技术阶段过渡。由铜和青铜制造的新工具，如斧子、锛子和锯子，使造船技术的传播范围和复杂程度大幅提高。在此之前，考古发掘出的船只在尺寸和形状上都受限于制造它们的树干的自然形状，但现在木材可以毫不费力地被劈开或切割成板材，复合船体可以由许多木材改造成形并使用接合或销钉等技术连接。

在最早的木板船遗迹中可以看到这些技术的应用，有许多保存完好的船体被发现埋在埃及的沙漠中作为陪葬品。其中包括阿比多斯船，可以追溯到第一王朝早期（公元前 2950—前 2775 年）；著名的"胡夫船 1 号"（公元前 2600 年），是在吉萨胡夫大金字塔围墙外的密封坑中被发现的两艘仪式用驳船之一。"胡夫船 1 号"由 651 块木板和 667 个紧固榫头建造而成，是一艘船体长 43 米的外形优雅的大型船只，有可拆卸的甲板室和船篷。使用横向穿过船体内部的纸莎草芦苇缝线将木板捆绑在一起，这显示造船者正在调整传统用于纸莎草筏船的技术。然而，"胡夫船1号"一个新的特点是沿木板边缘雕刻榫卯连接：方榫插入相邻木料的插口中，增加了船体的稳固。

　　已知最早的一组海船是在东约克郡的北费里比发现的三艘船的部分残骸，年代可追溯到公元前 2000 年至公元前 1700 年。保存较好的多佛尔船，建造于公元前 1575 年至公元前 1520 年。这些船可能是用于跨海峡贸易的船只，通过这些船只带来了在当

图 5.1 "胡夫船1 号"，建造于约公元前 2600 年，保存在吉萨太阳船博物馆。(贾尔斯・理查森)

代英国殖民地发现的大陆风格的斧头和剑。每艘船可以运载约 7 吨的货物，由多达 18 名船员驾驶或划行。这些船只是由橡木板建成的，在接缝处用紫杉树枝捆绑在一起。已知最早的地中海沉船，是在土耳其西南海岸发现的乌鲁布伦之船，其历史可以追溯到公元前 1300 年左右的青铜时代晚期，船上载有来自东地中海地区多达 10 种不同文化的高级货物，包括 10 吨铜锭、1 吨锡、原玻璃、稀有硬木、象牙和世界上现存最古老的书籍——木制记事板。这表明海洋现已是精英阶层之间贸易和礼物交换的重要通道。

虽然青铜时代的沉船残骸上没有桅杆或索具的实物证据，但从公元前 3100 年起，花瓶和壁画上对带有方形桅帆的船只的描述清楚地表明，在这一时期帆船在埃及已经非常普及。从公元前 2000 年起，在地中海文明中对帆的描述通常是一个方帆，撑在船中部的一根桅杆上。这些帆可能是用亚麻布制成的，在四角用皮革补丁加固。古代唯一保存下来的帆布的例子是公元前 2 世纪埃及的一块作为裹尸布使用的帆布碎片，上面还有一个木制的帆索环。这些发现表明，这个时期可能出现了以风为动力的较长距离的海上航行，与航海活动的急剧增加相吻合。

古代和古典时期世界的航运

到公元前 8 世纪，古代作家专门区分了战船和货船。公元前 300 年左右，在北塞浦路斯附近沉没的凯里尼亚号沉船，装载了 404 个葡萄酒双耳罐，可能是一艘典型的希腊商船。这艘船长 14 米，宽 4.2 米，船体轮廓近似于"酒杯"，带有一个延长的龙骨，既可以改善航海性能，又能最大限度提高货物容量。与青铜时代的拼接捆绑木板船不同，建造者只用榫头来固定船体中木板之间的连接点，这个时期的船只船板连接处是用木钉贯穿船体的，木钉是被垂直钉在船板上来达到固定的目的，这种技术可能是受腓尼基船的启发。后来用铜钉将框架固定在木板上。其他创新包括使用铅护套，以防止污染和蠕虫侵蚀船板。

荷马的《奥德赛》和《伊利亚特》中的战船使用的是帆和单桨，包括 30～50 名桨手。公元前 700 年，腓尼基船只的图像中出现了双桨。公元前 480 年，在萨拉米斯战役中，三桨是希腊和波斯舰队的主导。青铜公羊可能从 9 世纪末开始装备在船只上，最初是简单的尖刺，到公元前 525 年变成了三把水手排列的横刀，这可能是用来破坏对手的船桨，孤立船只，并由聚集在甲板上的部队登船。三桅帆船通过撞击击沉敌船的主流形象可能被夸大了，但最近在埃加迪群岛（公

图 5.2 "凯里尼亚自由号"，这是一艘现代仿制船，旨在测试古代凯里尼亚船的航行特性。（贾尔斯·理查森）

元前241年迦太基和罗马之间第一次战争的发生地）发现了一个严重凹陷的撞锤，显示它曾与另一艘船正面相撞。在希腊的海军中，带桨的战舰的发展达到了顶峰，有5～6组桨手的巨大船只的记录。平时战舰被存放在专门建造的船棚里，在整个地中海地区都有。迦太基的海军港口包括一个建在圆形人工岛上的船棚。雅典的比雷埃夫斯和埃及的亚历山大港等港口设施都很发达，配备有仓库、码头和人力起重机，用于卸载停靠在码头的船只。在主要人口中心以外的地方，船只只是靠岸卸货。

从公元前2世纪中叶开始，罗马逐渐征服了周边国家，到1世纪时成为地中海地区无可争议的航海大国。古典时期，罗马城与各省之间的贸易和运输需求大幅增加，大大刺激了海上技术的发展。这反映在吨位和运载能力更大的商船的出现上。公元前1世纪的"吉恩斯的夫人"沉船长40米，宽9米，深4.5米，沉没时装载了超过400吨的葡萄酒，这些酒都装在精美的双耳瓶中，而"凯里尼亚自由号"沉船上只有25吨。其他船只，如意大利的"阿尔本加号"可能更大，重达500～600吨。这些船通过榫卯固定的双层木板来支撑其巨大的重量，这一特点比简单地增加木板的厚度更能提高船体强度。商船的船体也变得更加饱满和平坦，以增加载重量。在多位罗马皇帝的资助下，建造了一系列实验性船只，将8座古埃及方尖碑运往罗马，其中最大的一座重达230吨。这些船只的设计不甚明了，但很可能是双壳驳船，将方尖碑悬挂在两个船体之间在水中拖行。在罗马时代沉船上发现的新设备包括利用阿基米德螺杆的泵和皮革阀门。较大的希腊船只可以配备多根桅杆悬挂方帆，但罗马船只是第一个被描述为具有前倾式桅杆的船只，这些桅杆有时兼作起重机来搬运货物，并带有顶帆。

随着罗马船只数量和航运量的增加，港口设施也在不断完善。奥斯提亚是罗马古老的河港，在克劳迪乌斯皇帝统治时期被波尔图斯的新设施所取代，其中包括一个占地69公顷的港口盆地，由人工防波堤保护，还有一座与著名的亚历山大灯塔相似的灯塔。在这里，海船将其货物转移到驳船上，然后沿河向上游运往首都。62年，一场巨大的风暴袭击，导致很多船只因港口庇护不足被摧毁，在图拉真的领导时期，港口进一步扩大，并建了一个新的占地39公顷的六角形内港，通过内港驳船可以直接进入多层仓库中。可以在水下凝固的混凝土使帝国各地得以在没有天然锚地的海岸上建立了方便的新港口，如以色列的凯撒利亚·马里提马。灯塔的建设也得到扩大：多佛尔的罗马塔至今仍屹立不倒。罗马、亚历山大和君士坦丁堡等最大的港口大概率是作为长距离深水航线的转运港，就像今天的枢纽机场一样，较小的地区和地方港口网络通过较慢的沿海航行路线与它们相连。装饰陶瓷等货物通过与谷物和葡萄酒等大宗商品一起运输，降低了运输成本，这使商人能够进入其他经济不发达的市场。在肯特郡布丁潘附近海域发现的一批来自法国南部的罗马装饰陶器，可能就是这样的货物。

中世纪的航运

罗马船只和早期的木板船一样是先设计外壳，也就是说，船体的形状是由建造时的木板决定的，船只的结构强度来自木板的外壳，通过捆绑或榫卯紧紧地固定在一起。后来船只建造增加了框架，只是简单地加固了船体。这似乎是世界上所有地区使用的最早的船只建造设计。从公元前1世纪到6世纪，有迹象表明地中海地区的造船方式正在发生变化。随着船体的不断增大，榫卯结构显得越来越小，间距也越来越大，榫卯的固定作用逐渐消失。在建造过程中，榫头不再将木板固定在一起，而是简单地使它们对齐。相反，框架结构成为结构完整性的主要支撑。在以框架优先的新造船方式中，首先设计和建立框架，然后将木板直接固定在框架上，不再需要将木板连接在一起。这就是所谓的卡维尔技术。在土耳其罗得岛附近发现的"麻雀港

1 号"沉船，可追溯至 1025 年，是最早的框架结构船只的例子。这是一艘小型的双桅商船，长 15 米，呈方形，载重量为 35 吨。所有的木板都是直接钉在框架上的。木板之间的缝隙被填塞，不需要任何固定装置。可能是由于拜占庭社会的经济变化，缺少廉价的劳动力制作复杂的紧固件，因此采用框架优先的造船方式，使建造更大、更快、更适航的船只成为可能。这也意味着船体形状可以在建造前以框架为模型进行设计，成功的设计可以被复制和重复。海洋建筑科学在这时得到了有效发展。

在北欧，造船业的发展方式有所不同。从 4 世纪开始，斯堪的纳维亚半岛、波罗的海沿岸的德国、波兰、英国和爱尔兰都有造船传统，在维京时代（800—1100 年）达到顶峰。这些船只保留了壳优先的设计，但发展出坚固的"V"形船体结构，船只由重叠的木板组成，用铁钉固定，被称为搭接技术。北欧的建造方法催生了一种坚固轻便的结构，可以很容易地适应不同大小或功能的船只，很适合维京人的航行需要。在 13 世纪和 14 世纪，这些设计逐渐演变为较大的中世纪货船和战舰，如使用较重的木材建造的柯克船（只有一根桅杆，桅杆垂直于船首和船尾的连线的船只）和浩克船（船首和船尾较高）。1380 年的不莱梅柯克船残骸长 24 米，可装载约 130 吨的货物，配备了一个绞车和一个绞盘用于处理索具和锚，是这些设备最早应用的例子。印章和钱币上的图案显示，这类船只是最早在船头和船尾配备建筑（船头和船尾城堡）的船只，在桅杆顶部有用于瞭望的瞭望台，从1250 年起，船尾的舵由分流器移动。

早期现代航运

从 1300 年起，意大利城邦与英国和低地国家（编者注：是指荷兰、比利时和卢森堡，因为三国所处地域的海拔较低，被统称为低地国家）之间的年度贸易航行使水手们能够接触到地中海和北欧的传统造船技术。柯克船具有较大的运载能力，适航的船体和船尾舵的设计似乎已经被意大利的造船师们吸收利用，他们利用已有框架优先的造船技术，通过平接船板技术来改进柯克船的设计，并增加了大三角帆，将其命名为"科查"。这些船被重新运回北欧，在那里它们被称为"卡拉克船"。亨利五世的战舰"格雷斯·迪厄号"于 1418 年完工，是英国对卡拉克船的实验性改造，也是使用这种方法建造的最大的船只之一。这是一艘 50 米长的战舰，重达 1400 多吨，采用了框架优先的结构，但有三层重叠的木板，是传统的搭接式。以这种方式建造这样一艘大船是非常昂贵的：使用了 17 吨钉子和 1000 棵山毛榉树。这艘船因维护费用太高，在 1439 年被遗弃并烧毁于汉波河，它的遗骸与"霍利戈斯特号"躺在一起。"霍利戈斯特号"是一艘较小的西班牙制造的卡拉克船，直到 1422 年皇家海军还在使用该船。

到 1430 年，另一种南欧的框架优先的设计，"卡拉维拉"的设计建造技术大概率脱胎于葡萄牙的渔船，经进口在北欧它被称为"卡拉维勒"（也就是轻快帆船，后统称帆船）。卡拉克船和卡拉维勒船促使北欧的商船船主转向框架优先的造船方式，成为欧洲探险家们首选的船舶设计。在哥伦布 1492 年的船队中，"尼娜号"和"平塔号"是卡拉维勒船，而"圣玛丽亚号"是卡拉克船。后来的欧洲水手将这些设计带到了阿拉伯和印度，也许还有中国，这些地区框架优先的造船方式出现在 14 世纪。

框架优先的结构也对海战产生了深远影响，因为框架优先的结构可以在不削弱船体的情况下在船舷上开出一排排的炮口，这在搭接建造的船只上是不可能的。用铰链盖子保护的炮口还可以在船体的低处操作重炮而不影响稳定性。亨利八世的旗舰"玛丽·罗斯号"于 1511 年下水，1536 年进行了改装，成为第一艘使用特制炮口的船只。此前，1340 年搭接建造的军舰就开始在甲板上安装小型火炮用于杀伤敌人，就像希腊的三桅帆船搭载弓箭手和矛兵一

图 5.3　正在朴次茅斯进行维护的"玛丽·罗斯号"。主甲板和上甲板上的炮口清晰可见。（贾尔斯·理查森）

样。现在，大炮可以用来击沉敌舰，从根本上改变了海军的战术。到 17 世纪中叶，大型战舰上有多排炮口，并进行了加固，以抵御敌方的大炮进攻，因为远程射击技术正在迅速发展。军舰的尺寸稳步增长以容纳更多更大口径的火炮：1637 年的"海洋主权号"重达 1522 吨，是第一艘在三层甲板上安装 100 多门火炮的军舰。1737 年的"胜利号"安装了 100 门更大的火炮，重量增加了 400 吨。到了 1808 年，像"喀里多尼亚号"这样重达 2600 吨、长 60 米、安装 120 门炮的战舰开始下水。相比之下，由欧洲各东印度公司运营的东印度商船是 18 世纪末和 19 世纪初经常建造的最大的商船。其中最大的一艘是 1796 年下水的"塔尔博特伯爵号"，重 1439 吨，长 53 米。

更大的船只也带来了新的技术挑战。传统的手动泵，通过皮阀的吸力将多余的水从下层船舱排出，从 16 世纪 70 年代开始逐渐让位于更高效的无端链泵。舵柄是连接到船舵上的简单杠杆，由多人操作，在 1700 年左右被齿轮式舵取代。1761 年，用于保护船体的铜护套在"HMS 阿拉姆号"上进行了测试，并从 1783 年开始在海军中普遍使用，这一改变要求所有水线以下的铁制紧固件都要换成铜制螺栓以防止电解腐蚀。随着对稳定性和性能所依据的数学原理的研究的开始，海军建筑科学得到了极大发展。船体线条图的绘制使得战舰和商船的成功设计案例可以通过发表造船论文来分享，降低了对单个造船者技能的依赖。

工业时代的航运

随着皇家海军在 18 世纪的扩张，全木质船舶的尺寸达到了物理极限，国内用于造船的木材供应也逐渐枯竭。到了拿破仑战争时期（1793—1815 年），开始测试替代性的解决方案，包括使用对角铁箍来加固 1811 年下水的"HMS 巨大无比号"的下部船体的木板。负责这项创新技术的罗伯特·塞平斯爵士在 1813 年被任命为海军测量工程师，在接下来的十年里，他着手引进一个基于新制造技术的战舰建造系统。最初由木材和后来由铁制成的对角铁箍，取代了传统的垂直框架作为船舶的骨架。在其他地方，角铁取代了连接甲板横梁和船架的大型木制部件，这些角铁可以提供更好的支撑和连接，同时降低了成本。重型加固的圆形船尾取代了脆弱的横舷船尾。新的更为坚固的船体可以支撑更重和更强大的火炮，也能更好地抵御敌人的火力进攻，并且更能够抵御海上恶劣天气的损坏，极大地延长了船只的使用寿命。所有这些创新都可以在"独角兽号"上看到，这是一艘由塞平斯设计的护卫舰，于 1824 年下水，现在被保存在邓迪，是木船向铁船过渡时期的一个特殊的幸存者。新的建造系统能建造最大级别的三层甲板战舰。1852 年下水的"惠灵顿公爵号"长 73 米，安装了 131 门大炮。1858 年默西级蒸汽动力护卫舰"默西号"和"奥兰多号"是有史以来建造的最长的木制战舰,总长 102 米。然而,极长的长度加上发动机的重量给船体带来了巨大的压力,即使有铁制的加固装置,也会导致结构上的故障,因此这两艘船在 1875 年就报废了。这两艘船的短暂服役表明,它们已经超过了木质船体的尺寸极限。

皇家海军的第一艘蒸汽驱动船是"彗星号",于 1822 年下水,作为拖船在泰晤士河和梅德韦河上拖拽帆船。然而,海军采用蒸汽驱动战舰的变革速度要慢得多,很大程度上是由于担心引擎和桨轮暴露在敌人的炮火下。1840 年,第一艘螺旋桨船"SS 阿基米德号"的成功说服了海军部对该技术进行进一步的测试。1845 年 3 月,研究螺旋推进和桨叶推进的优劣试验在著名的拔河比赛中达到高潮,参加试验的是实验性螺旋桨帆船"拉特勒号"和桨式护卫舰"阿利托号","拉特勒号"以 2.8 节的速度将"阿利托

号"拖在身后赢得比赛。自此，所有新建造的皇家海军舰艇都采用了螺旋桨驱动，因为发动机仍被认为是辅助风帆的动力，所以战列舰在 19 世纪 80 年代初仍保留了完整的航行装置。

在大多数形式的长途贸易中，蒸汽很难取代风帆。直到 1870 年，由木头、铁或两者兼有而建造的三桅高速帆船，在欧洲和远东或澳大利亚之间提供了比同时代蒸汽船更快的运输。然而，1869 年苏伊士运河的开通使这些航线缩短了几千千米，再加上发动机技术的改进，天平开始向蒸汽船倾斜，蒸汽船逐渐主导了所有形式的海上运输。与蒸汽动力船相比，帆船仍然具有经济上的优势，如运行成本低、船员少、不消耗燃料。在一般货物贸易中，铁制或钢制船身的载重 2000～8000 吨的大型四桅或五桅帆船仍然可获得盈利，直到第二次世界大战，帆船才最终被货用蒸汽船取代。

图 5.5　1860 年 的 "HMS 勇士号"，它的蒸汽机的双漏斗在传统的桅杆之间清晰可见。（West & Son, Gosport 拍 摄，约 1870 年）

到 1858 年，英国已经建造或改装了 32 艘木制战舰，并采用了蒸汽动力。然而，用新型膛线炮发射爆炸性炮弹的成果表明，这些船只在新的武器装备技术面前是多么脆弱。同时，法国在第 2 年推出了装甲木壳战舰"荣耀号"，这是第一艘远洋装甲战舰，这艘战舰的出现打破了力量的均衡，使所有非装甲舰船都被淘汰。作为应对，海军部下令建造长 128 米的"勇士号"和"黑王子号"，这是第一艘完全用铁壳建造的大型战舰。战舰的设计成功地融合了螺旋式蒸汽动力、铁质船体和膛线炮等成熟的技术，以及新的锻铁装甲，生产出有史以来最大、最快和最强大的军舰。装甲包括一个 65 米长的位于船中部的堡垒和 11.4 厘米厚的锻铁板及一个额外的 45.7 厘米的柚木背板，用以保护 26 门主炮。

到 1862 年，欧洲各国的海军都采用了铁甲舰。英国和法国各拥有 16 艘，有的已经完工，有的正在建造。然而，铁甲舰的快速发展，"勇士号"和"黑王子号"在下水后的十年内实际上已经过时了。设计师们不再将尽可能多的火炮安装在舷侧，而是转向使用能够击穿敌舰的装甲数量较少、口径较大的火炮上。1873年，皇家海军启用了无桅杆设计的主力舰，即"毁灭号"和"雷霆号"。在没有航行装置的阻碍下，4 门威力强大的口径 30.5 厘米火炮作为主要武器安装在主甲板上的两个旋转炮塔中，射击弧度有 280 度。这被形容为 19 世纪最激进的设计，标志着帆船战舰终结的开始。对比"威灵顿公爵号""勇士号"和"毁灭号"的外形，可以看出在这 3 艘船服役的 20 年中，海军军舰设计的发展是多么迅速。军舰的火力、装甲和速度都在持续发展。到1906 年，"无畏号"长 160 米，排水量超过 18000 吨，其统一装备重型武器 10 门口径 30.5 厘米的火炮，安装在 5 个炮塔中，钢制装甲和史无前例的 21 节航速，使早期的舰船设计黯然失色，以至于后来的战列舰被统称为"无畏舰"，而 19 世纪 80 年代和

90 年代的战列舰则被贬为"前无畏舰"。

　　从木制船到铁制船的转变导致造船业的重心转移，几个世纪以来，造船业一直集中在靠近木材供应源的英格兰南部。取而代之的是，铁船建造业向北转移到格拉斯哥、利物浦和东北部等新的工业中心，这些地方可以提供煤、铁和技艺娴熟的劳动力来驾驭新技术。蒸汽动力推进的普及采用和军舰规模的迅速扩大也导致了船坞的大规模变化，当时的船坞太小，无法应对船舶建造和维护方面的革命性变化。1843 年，朴次茅斯港的填海工程开始了，通过填海创造了一块新的面积约 2.8 万平方米的盆地，旁边还建设有专门的蒸汽车间和干船坞。然而，大型军舰的引进意味着这些新的设施几乎在完工后就必须重建和扩建。1867—1876年的"大扩建"，增加了 3 个新的相互连接的大型盆地，3 个干船坞和 4600 米的码头。大约 1650 万立方米的淤泥被挖掘出来用于大幅扩建附近的鲸鱼岛。到了 19 世纪末，为了跟上战舰不断增大的步伐，还需要进一步扩建，盆地之间的围墙在 1912 年

图 5.6　1871 年的"毁灭号"。12 英寸的旋转炮塔位于凸起的上部结构的两边。（Symonds & Co）

被拆除，形成了一个约 20 万平方米的大盆地，一直使用到现在。

总之，航运技术的历史是一个时快时慢的发展历程。5000 年来，造船创新的重点是利用风力和木材作为原材料的能力。在整个中技术阶段，航海业经历了持续的发展，到 19 世纪初，木制帆船已经达到了技术成就的巅峰。相比之下，工业化的冲击以及铁和蒸汽动力的引入在 1 个世纪内导致了巨大的变化，当然也可以说是一场高技术革命。然而，造船者的基本目标在不同时期始终如一：建造更快、更安全、更大的船只，能够运载更多的货物，或者能够战胜或快过敌人的海军舰艇。20 世纪，焊接钢材制造的巴拿马型超级油轮、航空母舰和核动力潜艇等进一步创新技术最终也符合这些目标。因此，在现今世界，仍有 90% 的世界贸易通过海上运输，海上安全仍然是一种战略需要，人类在海洋世界中对技术的使用与以往一样重要。

拓展阅读

Bass, George F: *Beneath The Seven Seas: Adventures with the Institute of Nautical Archaeology*, (London, 2005).

Delgado, James P (ed.): *The British Museum Encyclopaedia of Underwater and Maritime Archaeology*, (London, 1997).

McGrail, Seán: *Boats of the World: From the Stone Age to Medieval Times*, (Oxford, 2001).

Parkes, Oscar: *British Battleships*, (London, 1956).

第 6 章

运输II——陆上和海上的蒸汽革命

安格斯·布坎南

罗马人建造了一个宏伟的道路网，以满足他们在治理庞大帝国时军队的战略需求，英国在被罗马帝国统治时期获得了罗马交通系统的延伸。这些道路均经过仔细勘察和精心设计，在主要行政中心之间采取最直接的路线。道路在修建过程中被赋予了牢固夯实的基础和略微凸起的表面，道路两边有沟渠以帮助排水。这些道路在罗马帝国分裂成大量敌对国家后，仍然存在了数个世纪，为陆路运输提供了最佳路线。除了由当地人主动提供的维护

图 6.1 梅奈海峡大桥。1826年，由托马斯·特尔福德主持建设完成的这座宏伟的吊桥点缀着梅奈和斯诺多尼亚的美丽景观。（安格斯·布坎南）

图 6.2　塞文河
铁桥。第一座大
型铸铁桥是由亚
伯拉罕·达比三
世于1777年在该
镇的塞文河上建
造的，后来被称
为"铁桥"。（安
格斯·布坎南）

外，这些道路几乎没有任何维护，而当地人自觉地维护往往是不均衡的和不稳定的。其结果是，到 18 世纪初，英国道路路况是出了名的糟糕，只有少数路段可以骑马，只要有可通航的河流或沿海，陆上交通就会被摒弃。

新的道路和运河

随着工业活动日益频繁，国家的需求导致最终决定必须采取一些措施来改善交通条件。18 世纪 30 年代，在韦德将军的指导下，为平定苏格兰高地而修建的军事道路证明了道路的战略价值，议会法案鼓励收费公路信托基金承担道路的维护工作，以换取从国王公路使用者那里收取通行费的特权。这些信托基金为英国的公路路况带来了巨大的改善，但却是以一种相当零散和脱节的方式。他们展示了私营企业在官方批准下可以取得的成就，并为托马斯·特尔福德和约翰·劳登·麦克亚当等一代道路建设者提供了实践其技能和获得道路工程师声誉的机会。因此，到 19 世纪 30 年代，英国已经具备了一个像样的主干道网络，通过这些道路，邮车和货物运输可以使用已经大大改善的基础设施在全国范围内畅通无阻。

与此同时，国家支持的私营企业受到刺激，在英国建造了第一批人工运河。这些运河在法国和欧洲其他地方已经建立起来，特别是法国南部的米迪运河，1666 年由科尔贝尔委托建造，以

图6.3 康威桥。特尔福德悬索桥矗立在罗伯特·斯蒂芬森的管状桥前，越过康威城堡下的河流。（安格斯·布坎南）

鼓励小麦贸易，由皮埃尔·保罗·里凯执行建造，于1681年完工。米迪运河全长241千米，有磅锁和渡槽，通过与其他运河连接，成为连接大西洋和地中海的运河。运河于1759年由布里奇沃特公爵引入英国，当时他委托工程师詹姆斯·布林德利建造一条运河，将煤炭从他在沃斯利的庄园运到约8千米外的曼彻斯特。这条运河在既安全又廉价的运输大宗商品方面的价值很快为中部地区的其他企业家所熟知，他们通过组建私人公司来筹集资金，这些公司经议会法案授权，在精心规划的路线上修建运河，并在必要时通过强制购买获得土地的使用权。在几十年的时间内，为满足英国重工业的需要，一个运河网络逐步建立起来，这个运河网络将煤炭和原材料运到工厂、将成品安全运送到市场。这些早期的运河很窄，并尽可能避开坡度，但在没有其他选择的情况

图6.4 特基西斯特桥渡槽。托马斯·特尔福德的多拱渡槽在离河面37米的铸铁槽中横跨迪河，目前仍在使用。（安格斯·布坎南）

下，用磅锁、运河升降机、渡槽和隧道来解决坡度问题。运河网络极大地刺激了英国部分地区的制造业，这些地区在这之前被认为是内陆地区，不宜发展工业。

随着运河建造经验的增长和对工程的信心的增强，运河的规模和复杂性也在不断增强，促进了跨国路线的发展，如约翰·雷尼设计建造的肯尼特和埃文运河连接布里斯托尔和伦敦，以及约翰·斯米顿设计建造的福斯和克莱德运河横跨苏格兰中部低地。运河的发展推动了战略运河的出现，如托马斯·特尔福德设计的喀里多尼亚运河穿过苏格兰的大峡谷，这条运河从理论上避免了海军船只绕行英国北部。然而，当它在 1822 年建设完工时，对这样一条捷径的战略需求已经消失了，尽管工程非常宏伟，但整个运河系统已经明显过时了，其原因是蒸汽机已经开始应用于铁路和蒸汽船形式的替代的运输系统，这些运输系统比运河或公路更快、更可靠。

铁路时代

英国东北煤田的煤矿主利用铁轨或电车轨道将煤炭从矿区运到泰恩河、威尔河和蒂斯河的码头，然后再从码头运到伦敦和其他市场，因此被称为"海煤"。正是在这里，威廉·默多克和理查德·特雷维西克发明的蒸汽机车首次被应用于在铺设好的轨道上牵引沉重的装满货物的"列车"。推广这一运输系统的关键人物是一位煤矿机车工——乔治·史蒂芬森，他为此目的开发了非常成功的蒸汽机车，并迅速意识到蒸汽机车的无限潜力，为煤炭争取更广阔的市场。斯蒂芬森希望建设一个铁路网络，为全国各地的市场服务。作为实现这一目标的第一步，他说服了一群企业家成立了一家公司，并为其建造了斯托克顿和达林顿铁路，于 1825 年开通，并为铁路配备了他的 1 号机车作为第一台发动机。

这个想法迅速传播，兰开夏郡的另一群商人组建了利物浦和曼彻斯特铁路公司（简称 L&MR），委托乔治·史蒂芬森为他们建造铁路连接这两个城镇。虽然不是专业的土木工程师，但史蒂芬森攻克了在铺设平坦和稳定的轨道方面的一些严重工程问题，铁路于 1830 年正式开通，成为世界上第一条定期运输货物和搭乘旅客的干线铁路。史蒂芬森的儿子罗伯特成为一名机械工程师，这位年轻人在为铁路设计新机车方面表现出了非凡的才能，在 1829 年 9 月利物浦附近的雷恩希尔举行的决定采用何种动力装置的比赛中获胜。这台名为"火箭"的发动机，配备了多管锅炉和蒸汽喷射器，呈对角线分布的汽缸直接驱动前两个车轮，从而为 L&MR 的设计风格奠定了基础。史蒂芬森家族立即乘胜追击，进一步改进了设计，将发动机汽缸水平放置在锅炉下，从而推动"行星号"的设计，使其成为蒸汽铁路系统伟大扩张的标准设计。

铁路时代凭借良好的轨道和性能优良的机车进入了在陆路运输中长达 1 个世纪的统治时期。从 19 世纪 30 年代的英国开始，伦敦出发的主要铁路线路都在 19 世纪 40 年代初建成，这些早期企业投资铁路的成功引发了铁路投资的风潮，被称为"铁路热"，直到 1848 年，过度的投机热情和金融骗局导致信心下滑，此后铁路的扩张变得相对温和。铁路在技术上的成功，即以比以前设想的更快的速度运送越来越多的货物和乘客，对国家的经济生活产生了深远的影响。煤矿开采和重金属工业受到了强有力的刺激，工程行业也得到了发展，以满足土木工程和机械工程的需求，同时鼓励人们比以前更频繁地去更远的地方旅行。廉价的早晚班车费使工人们能够住在离他们工作地点较远的地方，刺激了新郊区的城市发展。1851 年，首届万国博览会在英国伦敦海德公园的水晶宫举行，当时铁路获得了一个受欢迎的新功能，即安排特别游览列车将游客带到伦敦。文化和体育活动变得更加便利，面向旅行者的出版物也越来越丰富。事实上，铁路促成了一场社会和技术革命。

1859 年 9 月，从伦敦到布里斯托尔的大西部铁路的工程师伊桑巴德·金德姆·布鲁内尔去世，享年 53 岁，第二年罗伯特·史蒂芬森和约瑟夫·洛克也相继去世。《泰晤士报》将他们称为"铁路三巨头"，即改变了国家生活的铁路工程师。对这三位工程师的这种赞美有一定程度的夸张，因为许多其他工程师、企业家和热心公益的人也为这一成就作出了贡献，但他们无疑是继乔治·史蒂芬森之后英国第一代铁路建设的杰出人物，乔治·史蒂芬森在 19 世纪 30 年代初从铁路建设上正式退休，并于 1848 年去世。"铁路三巨头"共同策划了全国性的主要铁路网的建设，连接了全国的主要城市，覆盖了主要的人口中心，通过他们激烈且友好的竞争，铁路服务的质量取得了惊人的进步。他们还决定了全国铁路的轨距，布鲁内尔建造了大西部铁路，旨在承载高速客运，采用了具有运营优势的 2.13 米的宽轨设计。这是一个大胆的创新，但实际上史蒂芬森和洛克已经建立了很长距离的标准

图6.5 高速行驶的马洛德号。这台优秀的 LNER（伦敦东北部铁路）机车多年来一直保持着世界速度纪录。（J S-M）

图 6.6 蒸汽机车的坟场。当蒸汽机车在 20 世纪 60 年代被英国铁路逐步淘汰时，许多蒸汽机车被停放在南威尔士的巴里码头的侧线上，后来保护协会将这些机车抢救出来，用于他们的铁路。（安格斯·布坎南）

轨距，当在不同轨距的轨道之间转换的不便变得明显时，将宽轨距缩小而不是反过来更简单。因此，布鲁内尔不得不将宽轨设计改到 1.43 米的窄轨或"标准"轨距。大西部铁路一直使用宽轨，直到 19 世纪 90 年代转换为标准轨距。

到 19 世纪 60 年代，英国铁路网中几乎所有的缺口都被填补了，而且在英国的领导下，世界其他国家也接受了蒸汽铁路在陆地运输中的主导地位。早在 19 世纪 30 年代，"铁路三巨头"的所有成员就已经接受了在欧洲和北美修建铁路的委托，不久之后，英国的工程师们就去了非洲、印度、澳大利亚和南美，把英国的技术和经验带到了任何有需要修建铁路系统的地方。英国工程行业为修建铁路系统项目中的大多数企业提供了蒸汽机车和机车车辆，但渐渐地，受援国发展了自己的专业技术，英国的参与逐渐减少了。蒸汽铁路给英国经济带来的活力被输出到了世界各地，因此这是毋庸置疑的技术胜利。当机车蒸汽机最终被内燃机和电力牵引所取代时，只要在经济上可行，英国铁路仍然坚持对蒸汽机的依赖。然而，当柴油机和电力系统出现时，人们认识到新技术既能节省繁重的体力劳动又能使机车更加平稳地运行，因此，蒸汽动力机车在 20 世纪 60 年代从英国铁路干线上消失了。

海上的蒸汽机

在蒸汽机车改变陆地交通的同时，一场平行的革命也在海上发生。当纳尔逊在 1805 年的特拉法尔加战役中的"胜利号"上受了致命伤时，英国的海上霸主地位又得到了百年保障。"胜利号"本身是一艘老船，它代表了海军战舰的优良传统，即至少可以追溯到 16 世纪弗朗西斯·德雷克爵士的由多门炮、风力驱动的"金翅鸟号"木船。然而，在特拉法尔加战役的一百年后，这种类型的船只已经完全过时了，取而代之的是钢制船体的船只，这些船只携带着能够向任何方向射击的大型火炮，并通过蒸汽涡轮机的动力实现高速行驶，这些船只以 1905 年正在建造的"HMS 无畏号"为模型。18 世纪末，在苏格兰运河上首次进行了船舶蒸汽动力推进的实验，使用瓦特式的梁式发动机驱动桨轮，到 1812 年，第一艘蒸汽动力渡船"彗星号"在克莱德河上投入使用。这种类型的小船被认为适用于客运渡船和河道拖船，许多这样的船通常用低位侧梁代替顶梁以改善船只的平衡性，在 19 世纪 20 年代被引入港口和河口作业。

早期的蒸汽船是在一个受到诸多限制的不利条件运行的，因为它们需要经常补充煤炭来为蒸汽机提供燃料。在这个阶段，海上蒸汽机推进的前景并不乐观，因为如果按比例增加大型蒸汽船所需的煤炭，会占用长距离航行中可用于运输商品的空间，燃料占用空间比例过大会导致船只失去商业效用。1838 年，布鲁内尔急于将他的大西部铁路从布里斯托尔延伸到纽约，他认识到是船的横截面而不是其总体积控制了推动船舶航行的燃料需求，并说服了一群布里斯托尔商人投资建造一艘船，由他亲自设计，用于横渡大西洋。这艘蒸汽船被命名为"大西部号"，其具有巨大的木制船体，带有由侧杠杆蒸汽机驱动的桨轮，在 15 天内首次横渡到纽约，航行结束时燃料舱里还有大量未使用的煤。

横跨大西洋的蒸汽运输的可行性由此得到了证明，其他运营商也迅速跟进。布里斯托尔商人渴望保持他们的领先优势，并委托布鲁内尔为他们建造一艘"大西部号"的姊妹船，使他们能够在布里斯托尔和纽约之间提供定期接送服务，从而获得宝贵的邮政合同。然而，布鲁内尔的野心和眼界更大，他设计和建造的这艘"SS 大不列颠号"船不仅比之前的大得多，而且包含了两项引人注目的创新：第一艘用铁制船体的大船和采用螺旋推进器代替桨轮。这些创新推迟了它的建造速度，以至于布里斯托尔的商人失去了邮政合同，但"SS 大不列颠号"终于在 1844 年下水

图 6.7 "SS 大不列颠号"，布鲁内尔的第二艘蒸汽船，在福克兰群岛结束了它漫长的工作生涯。1970 年，这艘大帆船被打捞上来并被带回布里斯托尔。（安格斯·布坎南）

并出海，充分证明了其设计者的智慧。"SS 大不列颠号"在商业上取得了巨大的成功，被用于澳大利亚的长途运输，最终被遗弃在福克兰群岛。1970 年，"SS 大不列颠号"被奇迹般地带回了布里斯托尔，在那里，它生锈的船体被修复到与原来非常接近的状态，为游客和参观者提供非常生动的体验。

　　"SS 大不列颠号"太大导致其无法在当时布里斯托尔港狭窄的城市码头方便地工作，因此其工作生涯的大部分时间里是从利物浦开始航行。布鲁内尔在设计第三艘船"大东方号"时意识到这艘船太大，布里斯托尔无法容纳，因此他选择在泰晤士河上的狗岛米尔沃尔建造，即使在这里，"大东方号"也必须从侧面下水，这种状况让布鲁内尔非常焦虑。这种焦虑加剧了在建造这艘巨轮时遇到的许多其他问题——直到 19 世纪的最后 10 年，这艘船都是最大的。这艘船之所以这么大，是因为布鲁内尔的设想是建造一艘足

图 6.8 "SS 大不列颠号"现在停靠在布里斯托尔的干船坞，在那里它重获新生，修复成接近原来的样子。（安格斯·布坎南）

S.S. GREAT BRITAIN

够大的船，可以携带燃料往返于远东。它的船体非常坚固，双层船壳且被分隔开，用最优质的锻铁打造。"大东方号"有两套蒸汽机——一套是水平汽缸驱动螺旋桨，另一套是摆动汽缸驱动两个巨大的桨轮。

布鲁内尔意识到，即使是他也无法完全掌握建造这艘巨轮的每一个细节的技术，因此他愿意与杰出的造船师约翰·斯科特·罗素合作，在他的船厂建造这艘船。罗素以他的"波浪线"理论而闻名，根据该理论，大船的线条可以被设计成在任何海况下都能确保最大效率，这一点在"大东方号"上得到了应用。不幸的是，布鲁内尔和罗素因性格和工作方式的不同，导致他们的关系越来越紧张，这使船只建造和下水的问题变得非常复杂。虽然 1859 年最终实现了这一目标，但长期的工作焦虑导致布鲁内尔在该年 9 月英年早逝，当时该船正在进行首航。首航期间，一个锅炉外壳发生了爆炸，将该船五个烟囱中的一个炸飞到空中，造成了几个司炉工的死亡。

"大东方号"并没有延续此前两艘船的商业成功。它经历了一系列的不幸，却又在铺设跨洋电报电缆方面发挥了有益的作用，布鲁内尔实际上错误地估计了可用的交通量，无法证明造船的巨额费用的合理性。直到 19 世纪末，才产生了足够的业务值得建造这样一艘大船。此外，几乎在它下水的同时，它的发动机就已经过时了，设计师们开始尝试用两个或更多的汽缸串联或复合式发动机来降低压力。19 世纪 70 年代，三缸复合发动机——沿着船的龙骨放置三个垂直气缸——成为商船和军舰的常规做法，直到 20 世纪初，蒸汽涡轮机和内燃机开始逐渐占据主导地位。1906 年，以涡轮机为动力的皇家邮轮"毛里塔尼亚号"开启了伟大的蒸汽涡轮机时代，当时对横跨大西洋的双向客运的强烈需求已经形成，并持续到 20 世纪 50 年代，航空旅行逐渐普及。

与此同时，国家间强烈的竞争加剧了英国皇家海军与其他国家的海军之间的激烈竞争，特别是法国和德国，19世纪末意大利、俄罗斯、美国和日本也加入了竞争。使用烈性炸药代替火药，推动放置在旋转炮塔中的大型火炮的发展，发射范围可以覆盖所有方向，而不是像"胜利号"那样有一排排的大炮。穿透力更强的炮弹凸显了对舰艇最脆弱部分加强保护的重要性，因此舰体采用了厚厚的锻铁板，随后又换成低碳钢，因为这种更坚固、更轻的金属可以大量供应。在海军舰艇的改造中，最重要的是动力装置，因此海军迅速采用了蒸汽轮机，尤其是使用燃油锅炉的蒸汽轮机，以获得更快的速度和更大的机动性。自此出现了无畏舰级别的品质，并及时地装备了第一次世界大战中主要作战国的海军。

还有一些重要的附属创新，令对手的海军装备设计师们时刻保持警惕，如鱼雷（一种由自己的动力装置和制导系统驱动的强大的水下炮弹）和潜艇（可以从水下发射武器而不被发现）。随后，深水炸弹被引入以摧毁潜艇。当飞机作为海战的辅助工具变得可行时，人们就试图将其用于侦察，然后对敌军主力舰投掷炸弹或发射鱼雷。第一次世界大战中飞机只产生了很小的影响，但在第二次世界大战中，飞机已成为能够摧毁最大舰艇的武器。1942年，皇家海军在接近新加坡的过程中被入侵的日本飞机袭击，损失了两艘主力舰，付出了巨大的代价。这样的灾难使大型海军舰艇在战争中的作用受到质疑，并推动了航空母舰和小型舰艇在战斗中的协同合作，以保护航空母舰并摧毁敌军飞机。大型战列巡洋舰和豪华客轮的时代实际上已经结束，未来的大型船只往往是邮轮或游轮，由柴油发动机驱动。

公路的新生

虽然柴油机和电动机预示着蒸汽动力在铁路和海上的使用减少，但它们给公路运输带来了新的活力，公路运输在20世纪世界范围内迅速扩张。19世纪30年代，随着铁路的初步成功，公路交通有所下降，但充足的地方交通需求显示继续维护主要道路的合理性，其中许多道路已经被国家或地方政府管理，它们仍然可以用于试验替代马车的交通工具。首先是蒸汽动力，在19世纪20—30年代，有几个很有前景的举措。由高兹沃斯·格尼爵士和其他运营商设计的一系列蒸汽动力车出现在了英国的公路上，它们本可以发展成为一种可行的公路运输工具，但却遭到了其他道路使用者和铁路部门的强烈反对，以至于它们受法律相关条例的限制而受挫，例如法律规定任何机械推进的车辆在上路前必须有一个人举着红旗。因此，唯一取得商业成功的蒸汽车辆是用于运输重物的蒸汽牵引机和用于道路维护的蒸汽压路机，在19世纪剩下的时间里，大宗运输以及客运和邮政服务几乎全部由铁路承担。

自行车的出现，是对公路运输的机械手段复兴的开始。19世纪中叶，由于发现了两轮平衡所能达到的陀螺稳定性，促使大量自行车出现，到19世纪80年代，已经演变成了被称为"安全自行车"的设计，它有两个同等大小的钢丝辐条支持的轮子，安装在滚珠轴承上，后轮由踏板和中央轴的链条驱动。随后，充气轮胎和管状钢的菱形车架完善了自行车的原型设计，成为下一个世纪的标准。该种设计的自行车满足了消费者对简单方便的交通方式日益增长的需求，具有不可估量的社会价值，开辟了更广阔的旅行领域，特别是对妇女和年轻人。自行车还极大地推动了工程行业的发展，满足自行车及其所需的新部件的需求。

工程师们很快着手研究赋予自行车以机械动力的可能性，两位德国工程师，戈特利布·戴姆勒和卡尔·奔驰，于1885年成功地将内燃机应用于自行车。只要发动机依靠煤气作为燃料，它就和蒸汽机一样不适用于该用途，因为它要依靠当地的煤气厂来获取燃料。石油燃料的发展，特别是汽油的发展，使得制造一种小型发动机成为可能，这种发动机巧妙地使用小油箱携带燃料，正是以这种形式，戴姆勒成功地将发动机安装在自行车上，驱动第一辆"摩托车"，而奔驰则用发动机驱动一个更大的三轮驾驶室，从而成为第一辆"汽车"或轿车。这些发明结合了自行车的许多特点，很快就被其他工程师所采用，特别是德国和法国的工程师，由于英国工程师受到对蒸汽机的传统依赖和"红旗"法案所制约而在此方面发展缓慢。1896 年，英国这项律法的废除鼓励了许多英国工程师和制造商响应公众对汽车快速增长的需求。像罗孚这样以生产自行车起家的公司，很快就转而生产汽车，兰彻斯特和劳斯莱斯也迅速加入了他们的行列。在德国，戴姆勒和奔驰有许多追随者，在法国标致、潘哈德·拉沃索尔、雷诺等工程人才也被吸引并加入新工业中。

在美国，亨利·福特通过生产汽车致富，这些汽车的价格是新兴的技工和中产阶级社会所能承受的，这在 20 世纪成为所有西方国家的一个特点。福特意识到，如果能够生产出足够便宜而高效的汽车，就会有巨大的市场，并着手建立一个能够做到这些的产业。他采用一种汽车风格作为基本标准来实现这一目标，并将任何改进或装饰留给消费者来决定，消费者可以选择任何想要的颜色。这种标准化是通过设计"大规模生产"实现的，该生产流程由简单的重复操作组成，在移动的传送带上连续组装一系列的车辆，在传送带的最后，这些车辆可以"滚落"到等待的客户手中。整个过程遵循福特的朋友弗雷德里克·温斯洛·泰勒设计的"科学管理"原则。工人的工作很辛苦，但工资却相对较高，因为福特认识到工人们和他们的家人都是潜在客户，但他抵制建立工会。福特于 1903 年在密歇根州迪尔伯恩建立了生产线，并于 1908 年开始生产 T 型车，即"锡利兹"，这辆著名的汽车在全世界范围内获得了成功，到 1927 年生产线关闭时已经生产了约 1500 万辆。

像之前的蒸汽机一样，内燃机经历了一个漫长的发展过程。新的热力学科学研究表明，如果燃料首先在工作气缸中被压缩，燃料的燃烧将是最有效的。通过将发动机与四个汽缸依次在同一传动轴上运行——喷射、压缩、点火和排气，德国工程师尼古拉斯·奥古斯特·奥托在 1876 年展示了一种平稳运行的性能，被称为"奥托循环"，这是汽车发动机的理想选择。奥托的同胞鲁道夫·迪塞尔在 1892 年进一步证明了燃料的高度压缩下会诱发自燃，从而使柴油发动机成为一种流行的为重型交通工具提供动力的发动机，如用于拖拉机、公交车和船舶。在整个 20 世纪，内燃机有许多后续发展，特别是弗兰克·惠特尔和德国及其他地方的同时代人发明的燃气轮机，他们在彼此不认识的情况下参与了第二次世界大战中为高速飞机制造合适的发动机的"技术竞赛"。惠特尔的第一台实验性发动机于 1937 年运行，双引擎的"流星"喷气式飞机在战争末期投入使用。这种发动机随后成为所有国家的民用和军用飞机机队的主力（见第 7 章）。

交通革命对世界的影响

内燃机以汽车的形式面世并席卷运输行业，在 20 世纪对全世界产生了巨大的影响。首先，它打破了铁路对客运的垄断，提供了一种更方便、范围更广的旅行方式，因为车辆可以由个人所有，并开往任何可以通过公路到达的目的地。其次，公路本身经历了戏剧性的复兴，它们开始比铁路更适合运输商品和人员，新的干线公路和高速公路的建设成为国家活力的标志，在很大程度上使铁路相形见绌，尽管铁路对于长途交通和城市通勤来说仍然是不可或缺的。此外，四通八达的高级公路网络一旦建成，将对城镇和城市的发展产生巨大的影响，创造巨大的交通量，并多方面主宰个人生活，当然负面影响也在所难免，比如造成了城市污染。无论好坏，我们都必须与各种形式的机动车共存，公路交通运输行业支撑了大规模的生产和服务，从而对现代国家的国民经济作出了巨大贡献。

蒸汽机在海运和海军以及陆地运输中，在经历了长达一个世纪的主导地位后，在现代运输工具中的使用已经大为减少。取而代之的是电力和内燃机，已经成为陆地、海洋、空中和太空的主要动力来源。将我们的时代视为"后工业社会"是错误的，因为我们只需按下一个按钮就能获得照明和取暖，并能乘坐汽车和飞机在遥远的国家之间轻松移动。我们应该思考是什么让我们的时代与过去的时代如此不同和独特，对于这样的提问，我们的答案可能会提到电脑、移动电话，以及与世界各地的人即时通信的能力，我们相对舒适的生活水平，我们免于瘟疫和大多数传染病，我们享受电视、广播和其他复杂的电子设备带来的便利和娱乐。与其说我们生活在一个"后工业社会"，不如说我们生活在一个驾驭了无穷力量来维持我们生活质量的社会中。如果我们能够认识到这一事实，我们就希望保护它并延长它。也许这个时代更应该被称为"电子革命时代"，是继蒸汽动力和内燃机之后的时代。我们远远没有超越工业，而是应该努力搞清楚工业化阶段将会把我们引向何方。

拓展阅读

Brown, David: *Warrior to Dreadnought: Warship Development 1860–1905,* (London, 2004).

Buchanan, Angus: *Brunel: The Life and Times of Isambard Kingdom Brunel,* (London, 2002).

Hadfield, Charles: *The Canal Age*, (David & Charles, Newton Abbot, 1968).

Rolt, LTC: *Victorian Engineering,* (Routledge, London, 1961).

Simmons, Jack: *The Railways of Britain,* (Routledge, London, 1961).

Skempton, AW: *John Smeaton,* (Thomas Telford Ltd, London, 1981).

第 7 章

运输Ⅲ——航空简史

大卫·阿什福德

本章以对航空业的历史的简要叙述作为开始。紧接着对两个特定的方面进行了详细的思考——飞机为什么会在当时被发明出来，飞机对政府的影响。本章最后，对安全以及科学和奖项的影响作了简短思考。

人类对飞行的兴趣由来已久，鸟类作为飞行的原型启发了人类。伊卡洛斯和戴德鲁斯的传说以及达·芬奇的素描可能是飞行兴趣最为人熟知的表达。中国人可能在 7 世纪就已经发明了人拉风筝，但是直到 1783 年，人类一直是固守在地面的。此后，蒙哥菲兄弟发明了载人热气球。在接下来的 100 年里，气球是唯一的飞行方式。它们被用于一些特殊的目的，如大胆的表演（收费进入参观）、大气研究、炮弹观测，以及乘客空中飞行体验。

19 世纪，一些先驱者试图制造飞机，试图克服气球不能迎风飞行的主要缺点。第一张可识别的飞机草图是由乔治·凯利爵士在 1799 年绘制的，将他称为"飞机概念之父"也不为过。他确定了作用于飞行器的四种力：重力、升力、阻力和推力。他是第一个描述飞机基本特征的人，即飞机具有轻型结构、固定机翼（即不像鸟类那样拍打）、弧形机翼，升力、推进和控制系统独立。

尽管凯利的工作和其他人的努力，如斯特林费罗的飞机模型（1848 年），但是直到 1891 年才由奥托·利林塔尔用他的第一架滑翔机证明了稳定和可控的飞行。利林塔尔成为第一个做出有

图 7.1 利林塔
尔滑翔机。(航
拍图片)

据可查、可重复的、成功的滑翔飞行的人，他遵循的是凯利以前
建立的实验方法。报纸和杂志刊登了利林塔尔滑翔的照片，对公
众和科学界关于飞行器实用化可能性的看法产生了积极的影响。
1896 年，利林塔尔因滑翔机失速失控而受伤去世，至此他已经
完成了 2000 多次飞行。

利林塔尔发表了关于空气动力学的有用的实验数据，并启发
了后来的开拓者。在利林塔尔之后，动力飞机的发展势不可挡。
他展示了四个主要设计挑战之中三个的实际解决方案：足够的
升力，足够的稳定性和控制，以及建造一个足够轻而坚固的结
构。第四个挑战是轻型发动机，而内燃机在世纪之交恰好问世。

莱特兄弟在 1903 年实现了第一次受控载人动力飞行，并在
1905 年制造出了第一架实用飞机。莱特兄弟是自行车工程师，

他们采取了有条不紊的开发方法，在制造带有发动机的机器之前，先制造了一系列的滑翔机。由于无法从其他制造商那里采购到合适的发动机，他们便自己制造了发动机以及与之配套的螺旋桨，这是一项重大成就。

莱特的一些滑翔机是作为无人驾驶的风筝进行试飞的。他们利用利林塔尔的数据，成功建造了一个风洞，这使他们能够测量不同形状机翼的升力和阻力。

飞机的发明开辟了新的应用前景和巨大的市场。在莱特飞行器问世后的几年内，几乎所有能想到的飞机构造都被尝试过，例如，1965 年英国喜剧电影《驾驶飞行器的壮士》中就有这样的镜头。仅仅几年后，一种特殊的配置成为市场的佼佼者，即用木头、铁丝和织物制成的固定翼双翼飞机，尾翼在后面（一个或几个），发动机前面有螺旋桨（一个或几个）——所谓的牵引式双翼飞机。这一时期，许多无法应用的发明出现，然后被丢弃。

第一次世界大战推动了飞机的快速发展。飞机从最初被用于侦察和炮兵观测，之后飞行员开始尝试击落对方，专门的战斗机

图 7.2　莱特飞行器。（航拍图片）

也随之发展起来。直到第一次世界大战结束，远程轰炸机才刚刚开始投入使用。战后，改装的轰炸机开始了大规模的民用航空飞行，伦敦到巴黎的航线是最早吸引大量乘客的航线之一。

下一个主要的发展，是在战后不久出现并在 20 世纪 30 年代中期逐渐成熟，即金属（主要是铝合金）单翼飞机，具有悬臂式机翼（没有支柱）和应力蒙皮（即结构的蒙皮承担部分载荷）。木材和金属结构在重量上区别不大，但金属在质量上可复制性更强，维护成本更低，而且如果需要大量生产飞机，制造成本更低。

可变几何特征，如发动机安装中的冷却罩、可变螺距螺旋桨、机翼襟翼和可伸缩起落架等，这些都是早期被单独开发的，但对当时正在制造的飞机来说被认为太重太复杂，当时这些飞机的巡航速度约为 161 千米 / 小时。更高功率的发动机的出现使这些功能可以一起使用，航空业进入了一个新的发展阶段，飞机巡航速度比以前高了一倍左右。

1935 年首飞的道格拉斯 DC-3 具有所有这些特点，是第一架在没有政府补贴的情况下运营且能够盈利的商业客机，它推动

图 7.3　道格拉斯 DC-3。（航拍图片）

了商业飞行的迅速扩张，其制造数量超过了第一次世界大战前任何其他交通工具。道格拉斯 DC-3 后来成为第二次世界大战中盟军最重要的运输机，直到今天仍有几架在服役。

第二次世界大战期间，喷气式发动机被引入早期作战服务中，后掠机翼也开始发展。第一架超音速飞机是以火箭为动力的贝尔 X-1，1947 年取得了这一成就。这三项技术的渐进式发展将我们带到了今天。

波音 747 于 1969 年首飞，目前仍在生产，它是第一架运营成本低到足以满足大众旅行的客机。

图7.4 波音747。
（航拍图片）

为什么飞机是在那时被发明的？

为什么飞机是在那时被发明的，而不是早点或晚点？原因之一是在内燃机发明之前，没有合适的动力装置。一些先驱者尝试了轻型蒸汽机，约翰·斯特林费罗在 1848 年用一个模型实现了首次动力飞行，但蒸汽机太重无法实际应用。

这解释了为什么动力飞机不得不等待内燃机的出现。滑翔机所需的材料（基本上是竹子、绳子和轻质织物）早在几千年前就可以得到，为什么罗马人没有建造滑翔机呢？为了回答这个问题，我们需要考虑一下是什么因素推动了 19 世纪的技术进步。

其中一个因素是，人们对飞机作为一种高速交通工具的共同愿景。在用钢铁蒸汽船征服了海洋、用蒸汽机车建立了高速陆路运输之后，天空显然是下一个要征服的目标。可以说，技术进步的目标"在空中"。19 世纪末，有十几位先驱者试图建造一架飞机，他们大多是相互独立的。

另一个因素是，随着越来越多学术机构的形成和越来越科学的方法的建立，工程师作为一种成熟的职业出现。技术期刊有助于传播新思想，从而缩短了"技术转移距离"。例如，大不列颠航空学会（后来成为皇家航空学会）成立于 1866 年。

活跃在 19 世纪下半叶的奥克塔夫·沙努特在技术的传播过程中发挥了关键作用。他与大多数先驱者通信，并在一系列出版物中传播所产生的想法。根据他的土木工程经验，他发明了一种支撑式双翼机翼结构，并被广泛应用。

还有一个可能因素是，19 世纪中后期自行车的发展，尽管这是一个推测性的想法，没有经过学术检验。自行车引入了焊接管结构，表明不稳定的机器是可控的。莱特兄弟是自行车工程师，他们早期的飞行器不稳定、难以飞行，这可能不是巧合。他们的开创性贡献之一是认识到飞行员需要经过大量的培训才能驾驶飞机。这些因素与内燃机结合，第一架动力飞机于 1903 年飞行成功。如果莱特兄弟当时没有成功，几年内肯定也会有其他人成功。阿尔贝托·桑托斯·杜蒙于 1906 年试飞了他的第一架飞机，仅比莱特兄弟晚了三年，还有其他人也离成功不远。桑托斯·杜蒙与莱特兄弟均独立工作，只是两人都与奥克塔夫·沙努特有联系。

飞机产生的这些因素罗马人都不具备。即使罗马人制造了一个简单的悬挂式滑翔机，对他们来说也没有什么用。今天的工程师认为牛顿的运动定律是任何飞机设计的重要组成部分，但罗马人并不知道这些定律。

飞艇实际上是装有发动机和控制装置的流线型气球。当飞机被发明时，飞艇才刚刚开始发挥作用，飞机接管了飞艇的大部分潜在任务。飞艇的主要问题是速度慢，这使得它们在强风中无法正常飞行。

第一次世界大战中，齐柏林飞艇袭击英国，使飞艇进入公众视野，但在几架飞艇被击落后，德国人转而使用轰炸机。20 世纪 30 年代中后期，飞艇通过提供第一个定期的跨大西洋的飞行服务而再次引起人们的注意。泛美航空公司在 1939 年提供了第一次定期服务，飞艇仅仅晚了几年；一些广为人知的灾难（如"亨登堡号"和"R-101 号"）和战争的爆发结束了飞艇的运营。第二次世界大战导致世界各地机场的建设和可靠的远程飞机的发展，这些飞机取代了飞艇，成为提供远程航空旅行的主要手段。

政府的影响是什么？

在开拓阶段，政府对航空发展普遍表现出良性的推动作用。对于军事和海军智囊来说，飞机在侦察方面的潜在优势是相当明显的，除了少数不可避免的狭隘的反对者外，人们普遍支持。总的来说，在整个航空史上，政府的支持都是"恰如其分"的，特别是在为"风洞"等国家研究设施方面给予的财政支持。尤其是美国邮政部门在 20 世纪 20 年代将航空邮件服务承包给私人航空公司的举措十分有效，这刺激了美国商业航空旅行的发展。

同时，也有过度的政治参与导致严重不利影响的情况，这里将讨论两个案例，一个是英国的，另一个是美国的。詹姆斯·汉密尔顿 – 帕特森所写的《云中帝国》，讲述了英国飞机工业在第二次世界大战后未能实现其承诺的发展目标的令人沮丧的故事。在战后早期，壮观的航展上辉煌的原型机被赞誉为显示了英国的领先地位，但令人遗憾的是随之而来的量产的飞机类型减少。由于工业界、航空公司和政府之间的矛盾，具有巨大技术前景的客机的销量严重下降；或者由于管理层缺乏飞机研制的开发动力而导致发展迟滞，从而失去竞争优势。阿芙洛·都铎、布里斯托尔·不列颠尼亚和汉德莱·帕奇·赫尔墨斯都未能实现他们承诺的发展目标。

1952 年，德哈维兰"彗星号"飞机成为世界上第一架投入使用的喷气式客机。然而，灾难性的设计缺陷导致了几次致命的事故和停飞，直到 1958 年该型号飞机才准备好再次投入使用。与此同时，波音公司推出了波音 707 飞机，成为第一架成功的喷气式客机。

德哈维兰之前唯一的金属客机是第二次世界大战前的"火烈鸟"17 座飞机，它于 1938 年首次飞行。这是一个很有前途的设计，但让步于战争导致只制造了 14 架。他们仅有的喷气动力高速飞行经验是"吸血鬼"战斗机和 DH-108 研究飞机。相比之下，波音公司已经制造了数百架大型运输机（军用型）和大型喷气式轰炸机（B-47）。因此，波音公司为喷气式飞机时代的到来做了更好的准备。

在第二次世界大战后全新的英国客机中，只有"维克斯子爵号"大量销售。这一成功是建立在之前的"维克斯海盗号"的基础上的，是由第二次世界大战的"惠灵顿"轰炸机衍生而来的。一些英国的"工作用"商业运输机卖得很好，如布里斯托尔货运机和德哈维兰"鸽子号"。

导致这一令人失望的结局的主要原因是第二次世界大战后英国的飞机工业重组失败。战争期间，该行业与政府有着非常密切的关系。在这种舒适的关系中，开发糟糕的飞机不会给公司造成严重的后果。当设计师、经理和工人都被赢得战争的需要而高度激励时，为制造出更好的飞机提供的研发资金几乎是取之不尽的，这种安排运行得恰到好处。事实上，英国确实生产了几款世界一流的飞机（"喷火号""蚊子号""兰开斯特号"可以说是当时最好的战斗机、多用途作战飞机和重型轰炸机）。政府和工业界花费了很长时间才了解到在和平时期对不同学科的需求，战时性能是最重要的，而战后的主要优先事项则是可靠性、低运营成本、安全性以及备件和技术支持。

飞机工业在战争结束时享有极高的声誉。战斗机使英国免遭入侵，轰炸机则是进攻德国的先锋。这些飞机制造公司通常由创立公司的、意志坚定的领导者领导，他们不希望公司被鲁莽重组；政府有其优先考虑的事项。因此，官僚主义的惰性占了上风，整个行业延续了之前的运转方式，由政府赞助客机的开发，管理层往往在成本加成合同上示弱，他们根本没有必要提高商业效率。直到 1957 年邓肯·桑迪斯的《国防白皮书》问世，导致了许多项目的取消和大规模的公司重组，情况才开始改变。

过度政治干预的根本原因可以追溯到 20 年前。英国在第一次世界大战结束时拥有世界上最庞大的空军和一流的飞机制造工业。英国是第一个建立独立空军的国家——皇家空军成立于1918 年，其他国家保留了独立的陆军和海军航空队。在这一点上，英国确实是卓有远见的。皇家空军为了在两次世界大战间隙的军种间的资金争夺战中保持其地位，不得不夸大战略轰炸的作用，他们声称只有他们有能力进行战略轰炸。这种理论一直延续到第二次世界大战，大量的资源被用于设计、建造和操作重型轰炸机。事后看来，如果建造少量却高质量的轰炸机，并更有选择性地使用它们，情况会更好。当时就有这样的呼声，但丘吉尔却误信谗言。

这种压倒一切的优先权导致英国在战争期间放弃了客机的生产和开发，直接结果是英国在战争结束时没有最新的运输机，而美国则有几款经过试验的合格设计。因此，战后的英国飞机工业面临双重障碍——缺乏经过试验的现代运输工具和一个过于依赖政府的飞机制造工业。

英国的航空工业吸取了教训，目前的规模仅次于美国。英国政府现在只支持已经有私营部门支持的项目，声望已经让步于利润。虽然繁荣已不复往日，但确实提供了许多高质量的产品和出口利润。

第二个政府过度介入的例子是太空发射器的发展。早期的卫星是用改装的弹道导弹发射的，这些是第一批能够到达太空的人造产品。随着技术的发展，很快发现每次发射都扔掉一个运载工具的做法明显不经济，因此在20世纪60年代，大多数大型飞机公司都有了可行的计划，用像飞机（航天飞机）一样的可重复使用的运载工具来取代一次性的发射器。如果这些都被开发出来，现在应该会有航空轨道交通，进入太空的成本将是现在的约千分之一。然而太空政策由美国国家航空航天局（NASA）主导，他们从来没有把降低航空成本放在高度优先的位置，轨道航天飞机至今也没有造出来。对技术进步的压制会导致重大变革，航天飞机可能很快就会改变宇宙飞行，这在第11章有更详细的描述。

政府行动有时会导致意想不到的后果。例如，1919年的《凡尔赛条约》禁止德国制造动力飞机，德国人以极大的热情投入滑翔运动中，这对建立德国空军起到了很大的帮助。时至今日，德国可以说是世界上最顶尖的滑翔国度。可能是由于疏忽，《凡尔赛条约》没有禁止德国发展火箭。因此，德国人率先制造出了弹道导弹——V-2，它成为第一个飞向太空的人造机器，并成为此后所有弹道导弹和运载火箭的鼻祖。

安全性

现代航空飞行的一个显著特点是其安全性。20 世纪 30 年代末，航空公司客运航班的事故率大约是每 2 万次航班有 1 次死亡事故，现在是每几百万次飞行发生 1 起事故。安全性的改善是通过几十年来艰苦的渐进式发展得来的，如更可靠的发动机和机身，更准确的天气预报，更精准的导航辅助设备、无线电着陆辅助设备，用于避免风暴和与山脉及其他飞机相撞的机载雷达，更好的空中交通管制，更严密的监管，更充分了解飞行员和机械师如何以及为何犯错，保密事故报告，以及驾驶舱自动化。关键因素是国际合作和险情发生后的经验教训的公开传播和从事故中获得的教训。如今，驾驶舱自动化非常有效，飞行员几乎没有主动飞行的机会，他们有可能失去应对紧急情况所需的基本技能。

对科学的影响

可以肯定地说，飞机的发明对空气动力学产生了巨大的推动作用，而非空气动力学推动飞机的发明。例如，莱特兄弟从他们的风洞中得知，高跨度的机翼比相同面积但跨度较短的机翼产生的阻力更小。他们并不了解其中的原因，因为他们对空气动力学的了解只是经验性的。他们知道：作用在机翼上的空气的托力与面积和速度的平方成正比；升力或多或少地随着机翼与气流之间的角度（攻角）线性增加，并在某个角度（失速角）达到最大值，超过这个角度，升力就会下降，阻力就会急剧增加。他们大致得出了方程中的经验常数，但是还未涉及基础理论。

兰彻斯特在 19 世纪末 20 世纪初的一些出版物中发表了升力循环理论，该理论给出了高跨度机翼具有较低阻力的解释，这是第一个对设计师有实际用途的空气动力学理论。1908 年，奥维尔·莱特访问欧洲期间，兰彻斯特试图向他解释这一理论时，奥维尔无法理解他说的理论。兰彻斯特不善于解释，同时奥维尔是一个非常古板的实用工程师，他们的沟通并不顺畅。

这一理论传播缓慢，部分原因是第一次世界大战。例如，单座双翼战斗机——索普维斯幼犬（Sopwith Pup）的设计者就不知道这个理论。路德维希·普朗特尔发展了兰彻斯特的理论，并建立了戈蒂根作为空气动力学研究的中心。第一批受益的飞机是第一次世界大战后期的德国战斗机。

奖励

奖励在刺激航空发展方面发挥了重要作用。施耐德杯始于1912 年，每年颁发给水上飞机和飞艇比赛的冠军。陆地飞机必须在小型机场起飞，这意味着机翼必须足够大，以便在低速时提供足够的升力。摆脱这一限制后，水上飞机可以用较小的机翼，从而降低阻力、提高速度。这个奖项在刺激产生动力更强大的发动机和外形更流线型的飞机方面发挥了重要作用。如果一个航空俱乐部在五年内赢得了三次比赛，他们就可以永久保留该奖项的奖杯。该奖最终在 1931 年由英国的超级马林 S.6B 型水上飞机赢得。由此获得的经验帮助了超音速喷火战斗机的诞生，该战斗机在不列颠战役中发挥了决定性的作用。施耐德杯在当时产生了巨大的宣传效果，有超过 50 万名观众从世界各地齐聚于此参观了比赛。

1919 年，"奥泰格奖"颁发给第一个从纽约直飞巴黎或反方向直飞的飞行员。查尔斯·林德伯格是美国航空邮政和美国陆军航空队预备队的一名飞行员，他于 1927 年赢得了这个奖项。林德伯格成为一名炙手可热的英雄，由此产生的宣传效果被认为促进了美国商业航空的快速增长。

安萨里 X 奖始于 1996 年，奖励第一个在两周内两次向太空发射可重复使用的载人飞船的私人组织，其目的是刺激低成本航天技术的发展。2004 年，由保罗·艾伦资助、伯特·鲁坦的缩尺复合材料飞机公司建造的"太空船 1 号"航天飞机赢得了该奖项。理查德·布兰森的维珍银河公司计划将"太空船 1 号"发展成为第一个搭载乘客进行短暂太空体验飞行的公司。航天飞机的首次成功商业运作可能会改变太空飞行，它很可能通过可反复使用的航天飞机取代一次性抛弃式的太空飞船。这将在第 11 章进一步讨论。

拓展阅读

Miller, Ronald and Sawyers, David: *The Technical Development of Modern Aviation*, (New York: Praeger 1970).

McCullough, David: *The Wright Brothers*, (Simon & Shuster, 2015).

第 8 章

现代通信

罗宾·莫里斯

19 世纪以前，除了书面文字外，人与人之间的所有交流都依赖于直接的视觉或声音传播。第一个信号系统的记录是 1767 年英国的理查德·洛弗尔·埃奇沃斯为转播纽马克的比赛结果而创造的。1790 年，法国工程师克劳德·查普建立了一个人工操作的信号站链，信号站间隔约 16.09 千米，使用望远镜在各站之间传送编码的旗帜信号，在拿破仑战争期间的法国被广泛采用，并一直沿用至 19 世纪 50 年代。这种人工信号系统劳动力成本很高，受恶劣天气条件的限制，而且只限于白天使用。不过，通信技术在电报的发明之后取得了重大进展，而电报的发明又取决于意大利人亚历山德罗·沃尔塔在 1799 年发明的能产生恒定的电流的电池。对早期电报发展的其他非常重要的贡献包括：施维格在 1828 年发明的移动线圈型电流计，以及迈克尔·法拉第在 1831 年发现的电磁感应原理。这些成就开启了现代电子通信。

电报

刺激电报发明的一个因素是它在铁路系统中的潜在用途，铁路系统在 19 世纪 30 年代开始迅速发展。电报在英国的采用得益于查尔斯·惠斯通和威廉·库克的合作，他们两人一直都在独立研究相关问题。1836 年，库克访问海德堡大学时，目睹了蒙克教授演示通过电线传递电信号，这激发了他建造实用电报机的想法。1837 年，库克联合了惠斯通共同制造这种电报机；1838 年，他们在帕丁顿和西德雷顿之间建立起了一条约 20.92 千米长的电报连接。随后，大西部铁路公司在其信号系统中正式采用了这种电报。

对早期电报发展的另一个主要贡献者是美国人塞缪尔·莫尔斯，是莫尔斯码的发明者，莫尔斯码 1844 年首次用于电报系统。他的许多发明其中包括一台在纸带上记录点和破折号的机器。随着记录系统不断改进，到 1860 年每分钟可以发送和打印多达 60 个字。到 1866 年，仅在美国就有约 32 万千米的电报线路在使用。

美国物理学家约瑟夫·亨利在 1835 年发明的机电式继电器为推动通信技术的发展迈出了重要的一步，通过加强因线路衰减造成的微弱信号，大大提高了电报的效率。英国科学家开尔文勋爵在 1858 年左右发明了镜式检流计，能够探测到非常微弱的信号。

电报的发明促进了信息快速传输的发展。意识到它的潜力，1849 年从奥地利和普鲁士开始，欧洲各国迅速安装电报服务。电报线路的扩展变得极其迅速，1849—1864 年，欧洲的电报线路从 3220 千米增加到 128750 千米。1852 年只有不到 35 万次电话通信，1869 年仅法国和德国就有 600 万次电话通信。

制造在水下传输电报信息的电缆通信是一项相当大的技术挑战，因为需要在非常高的水压下保持电绝缘。1838 年，在印度的胡格利河下成功传输信号。1842 年，亨利·莫尔铺设了一条穿过纽约港的绝缘橡胶电缆。不久之后，查尔斯·惠斯通在更深的地方铺设了铅皮橡胶绝缘电缆，但是漏水了。英国阿尔伯特亲王对这个实验很感兴趣，给惠斯通写信，提供了一个有趣但不实用的解决方案。

1847 年，维尔纳·冯·西门子解决了这个难题，他使用了一层无缝的用热树胶包裹的材料作为绝缘体，第二年，大东方铁路公司使用这种材料在北海铺设了一条 3.22 千米长的海底电缆。这次实验的成功，为铺设海底电缆开辟了前景，因此，在1850—1870年，海底电缆的铺设取得了巨大的增长。1858年，一条电缆从爱尔兰的瓦伦西亚铺设到纽芬兰，但只持续使用了20天，由于电压过高，电缆绝缘层失效了。1866年，布鲁内尔的"SS大东方号"成功铺设了一条跨大西洋电缆，以每分钟37个字符的速度传输信息。1870年，英国和印度之间实现了电报通信。电缆通常构造包括一个用内部铜芯使用杜胶绝缘，进一步由焦油麻和蜡覆盖保护，然后由外部无缝金属护套包裹。

电话

1837年，查尔斯·佩奇提出了利用声波产生不同的电流来传输语音的设想；1854年，法国的查尔斯·布尔塞尔发表了关于如何用电传输语音的文章。当时面临的主要问题是缺乏高效的麦克风和扬声器，以及电话机之间的连接线。19世纪60年代，德国教师菲利普·赖斯发明了一种膜式麦克风，创造了德语单词"Fernsprecher（电话）"和英语单词"Telephone（电话）"。与此同时，在美国，从1873年开始，格雷厄姆·贝尔和以利沙·格雷都在致力于解决语音传输的问题。贝尔获得了一个发射和接收系统的美国专利，比以利沙·格雷早几个小时。贝尔还开发了一个可以同时发送多个信息的系统（"双工"），从而节省了铜缆的成本。

电话很快就开始挑战电报业务。例如，1880年，美国有5万个电话用户，到1910年电话用户增加到700万。1896年，电话拨号被引入美国，取代了按钮。1912年，瑞典工程师贝塔兰德和帕尔姆格伦发明了一个自动电话交换机。到1914年，美国东西海岸之间的电话通信已经建立。第一台电传打字机（"Telex"）于1928年在美国投入使用，并于1932年在英国投入使用。到1920年，已经开始试验使用中继器进行电话连接。

第一条跨大西洋电话电缆（TAT1）于 1956 年铺设，从苏格兰到纽芬兰。这条电缆包含 36 个电话频道（使用两条电缆，每个方向一个），使用 51 个中继器。到 1976 年，最新的电缆 TAT6 的容量是 TAT1 的 100 多倍。

美国发明家托马斯·爱迪生对电报和电话系统的发展作出了巨大的贡献，他一生的大部分工作时间都花在了电报和电话系统的研究上，获得了 1180 项专利。爱迪生在 1873 年开发了双工电报系统，后来又开发了四工电报系统，他的其他发明包括 1877 年的"碳按钮"发报机和 1878 年的可变电阻麦克风接收器。那时，他已经开发出了自动电报机，每分钟能自动处理 500 字，在其他许多发现中，他声称发现了热离子发射。

电话通信系统

最早使用的电话通信系统是"交叉开关"，即由交换机操作员手动将插头插入连接到相关线路的垂直杆上，进行连接。随着网络规模的扩大，这个系统变得越来越复杂，劳动强度也越来越大。第一台自动交换机是由居住在堪萨斯城的殡仪员阿尔蒙·斯特罗格于 1899 年发明的，但是直到 1921 年在美国和 1929 年在英国自动交换机才被广泛使用。重要的是，这个系统引入了用户拨号。随着用户之间距离的增加，由于信号衰减而导致通信效果出现了问题。1894 年，一位美国教授迈克尔·普平发明了"加感线圈"。在线路上每隔一段距离就插入一个线圈，可以防止因不同频率以不同速度传播而造成的信号失真。另一项重大发明是电话中继器（"信号放大器"）。第一个热离子中继器可以追溯到 1915 年。

20 世纪 50 年代，"晶体管"在美国被广泛用于开关电路。第一台商业电子电话交换系统是在 1963 年由贝尔实验室安装的，尽管如此，到 1977 年美国只有 6% 的线路是电子交换的。第一台电子电话交换机于 1970 年在英国安装，第一台计算机化的交换机于 1976 年安装。1985 年，第一个使用固态电子器件的数字系统在英国诞生（"X 系统"）。源自美国的一个重要的后续发展是电话线的普及，使用数模转换器将计算机互联。这使信息网络得以建立起来，从而提供了计算机数据库。

无线电

1861—1862 年，詹姆斯·克拉克·麦克斯韦发表了一系列论文，提出了产生电磁波的可能性。1887 年，海因里希·赫兹发现了如何产生电磁波并在远处探测到它们，当接收电路被调整到其尺寸与主电路中产生的电磁波的波长相对应时，接收的效果就会大大提高。1896 年 6 月 2 日，意大利人伽利尔摩·马可尼获得了第一个无线电报的专利。随后无线电技术发展迅速，1901 年 12 月 12 日，马可尼实现了跨大西洋的通信，从康沃尔的波尔杜向纽芬兰的圣约翰传送莫尔斯信号。

热电二极管整流器于 1904 年由约翰·安布罗斯·弗莱明在英国获得发明专利，而热电三极管放大器的专利申请于 1906 年由美国的李·德·弗雷斯特提交。1908 年，弗雷斯特使用他的三极管阀门发射器，在埃菲尔铁塔上成功地进行了无线电广播，信号在 800 千米以外被探测到。第一次世界大战使热游离阀技术取得了巨大的进步，1922 年 11 月 14 日，英国广播公司（BBC）在伦敦播出了"LO"，随后伯明翰"5IT"和曼彻斯特"2ZY"也很快播出了。20 世纪 20 年代，无须晶体探测器的耳机被普遍使用，因为它们的成本很低（约 50 元人民币），而早期的热离子"不间断"双管接收器的成本在 240 元以上。1928 年，荷兰的特勒根和霍尔斯特在阀门结构方面取得了进一步的进展，设计制造了五极管阀，从而使高效的超外差式收音机的制造成为可能，并在 20 世纪 30 年代进入大规模生产。汽车收音机技术已经很成熟了，最终在英国面世。从 1946 年起，第二次世界大战期间发明的小型阀门使制造便携式"手提"收音机和改进汽车收音机成为可能；到 1956 年，英国的派伊有限公司开始生产便携式电子管收音机，但当时的电子管收音机比现代要贵 50%。

电视

1908 年，英国的艾伦·阿奇博尔德·坎贝尔－斯温顿制造了第一台电视机，使用的是尼普科夫圆盘扫描技术。1923 年，弗拉基米尔·佐利金发明了第一个存储摄像管（"映像管"），这是电视机发明重要的一步。用于电视传输的阴极射线系统是由佐利金和菲罗·范斯沃斯于 1927 年在美国独立生产的。贝尔电话公司在同一年造出了有线电视，他们在 1929 年成为第一家传输彩色电视信号的公司。在英国，BBC 经过一段时间的评估，于 1936 年 11 月开设了电视服务。从 1937 年 2 月到 1939 年 9 月，BBC 在 405 条线路上独家运营，由于第二次世界大战的爆发而关闭。1945 年 BBC 恢复了广播，仍然是 405 条线路。1967 年 12 月，BBC 开始利用 625 条线路提供彩色电视服务，这在欧洲是第一家这样做的公司。1970 年，英国从模拟电视转变为数字电视。直到 20 世纪 60 年代，有线电视在美国和加拿大才出现真正的增长，到 1982 年，仅在美国就有 2200 万用户。光纤的使用使得通过同一电缆传输电视和广播节目以及电信数据成为可能。1962 年，第一批电视图像通过第一颗人造通信卫星（TELSTAR 1）传送到大西洋彼岸，到 1963 年 7 月，16 个欧洲国家开始与美国交换电视节目。

雷达

海因里希·赫兹在 1887 年发现，电磁波的反射方式与光相似，但这种现象直到 20 世纪 30 年代才被利用。英国当时处于雷达发展的最前沿，第一个有效的雷达系统是在 1935 年夏天开发的。随着战争前景的日益明朗，技术飞速进步。1939 年，美国、俄罗斯、德国、法国和荷兰也拥有了雷达系统。1940 年，整个英国的东部和南部海岸都被防御链所覆盖，以抵御在 4572 米高空、飞行范围为 93 ~ 225 千米内飞行的飞机。约翰·兰德尔和哈利·阿尔伯特·霍华德·布特在 1940 年发明的腔磁控管极大地提高了信号输出功率，从而更好地定位目标。在此基础上才有可能使用"网格导航"（GEE）引导飞机到达最远 563 千米距离目标 3 千米以内。在接下来的几十年里，雷达的重要应用，包括民用和军用，越来越多地与数字计算机系统相结合。这些应用包括空中交通管制、飞机识别和军事防御系统。现在，飞机上的微处理器控制着越来越多的内部功能。

信息技术（IT）

在数字计算机发明之前，信息只能以模拟形式存储。然而，数字技术使人们对信息的访问、记录和显示以不可想象的规模实现。因此，从 20 世纪 70 年代中期开始，信息已经改变了社会的组织方式。从银行、媒体、政府到公民个人，都通过电子通信媒介变得更加有组织和可控。也许正因为如此，人们很容易忘记这些变化背后的驱动力是硅集成电路的不断发展，而硅集成电路本身就是早期分立晶体管的产物。

1947 年，贝尔实验室的布里顿和巴登发明了锗点接触晶体管后，晶体管很快取代了电子设备中的热离子电子管。晶体管的优点是更坚固，寿命更长，重量更轻，尺寸更小。1952 年，美国通用电气公司大规模生产锗晶体管；1954 年，晶体管收音机随之出现，其数量迅速增长；1954 年，硅结晶体管问世，能够在比锗晶体管更高的温度下工作，在达拉斯的得州仪器公司投入生产。

集成电路是将几个固态元件的功能集成在一个半导体芯片上

的电路。第一个锗集成电路（IC）是由杰克·基尔比于 1959 年在德州仪器公司制造的。与此同时，卡尔·佛罗施于 1957 年在美国发明了一种氧化物掩蔽工艺。在硅上生长稳定氧化物的能力促使硅平面晶体管和硅双极集成电路的发明。从 1970 年起，金属氧化物硅（MOS）集成电路也出现了，尽管运行速度较慢，但比双极装置更便宜、更小。在大规模集成电路（LSI）领域，MOS 技术很快占据了主导地位。1962 年，美国无线电公司的史蒂文·霍夫施泰因和弗雷德·海曼制造了第一个 MOS 集成电路。它在一个硅片上使用了 16 个 MOS 晶体管。这是刺激微小型固态系统发展的催化剂。第一个微处理器是 1971 年由英特尔工程师特德·霍夫开发的，它是一个 4 位的集成电路处理器（i4004）。1972 年，美国惠普公司制造了第一台可编程的手持式计算机。

计算机

信息技术的大爆炸在很大程度上是由于计算机系统的快速发展，始于第二次世界大战期间。第一台计算机是由真空二极管和电子管放大器驱动的，耗损了相当大的功率。尺寸大、重量重和电路的复杂性及热电装置的脆弱性致使使用寿命较短，导致计算机的发展受到了限制。直到发明了固态晶体管和二极管，它们更小、更坚固，每个器件的能耗小，成本较低且更为可靠，使用分立固态元件设计的计算机系统被称为"第二代"。

硅集成电路的发明推动了计算机技术的进一步突破。平面技术以更低的成本带来了更高的可靠性，同时每单位面积也更为复杂。很快，每块芯片容纳的元件数量大约每年增加一倍（这一倍增速度被称为"摩尔定律"，是戈登·摩尔受雇于美国飞兆公司期间提出的）。因此，计算系统占用的重量和空间更小，同时每个设备耗费的功率更小，并且变得更加可靠，促进了被视为"第三代"电子系统的使用和多功能性的巨大扩展。

光电子学

光波的调制在长距离通信领域发挥了重要作用。成功与否取决于低损耗光纤和可靠激光器的发展。有两种类型的发射器被用于光纤连接、半导体发光装置（LEDs）和受激发射的光放大装置（LASERs）。相较于以前的系统，这两种类型的发射装置能够提供更大的带宽，可以携带比无线电信号更多的信息。光缆是在 20 世纪 70 年代初开发的，它们比铜质同轴电缆的衰减小得多，并且电缆直径更小。1977 年安装了第一批光纤商业系统。

现在 LEDs 和 LASERs 被广泛用于光纤系统，用于光纤的 LASERs 比 LEDs 的成本高，但速度更快，更适合长距离传输。1960 年，美国的西奥多·哈罗德·梅曼率先使用红宝石激光器实现了激光作用。同年，英国的 J.W. 艾伦和 P.E. 吉本斯从正向偏压的镓／砷结合处观测到了红外辐射。1966 年，高锟和乔治·霍克汉姆发明了光纤通信。

通信卫星

1958 年 12 月，第一颗通信卫星"斯科尔号"由美国送入太空轨道，它传送了 13 天的录音信息。1959 年 1 月，俄罗斯发射了"月球 1 号"卫星；1960 年 4 月，美国发射了"回声 1 号"卫星。到 20 世纪 60 年代中期，电视转播使用同步卫星成为常规手段。第一颗有源中继卫星是"TELSTAR 1"，它在 1962 年跨越大西洋传送了一幅图像。到 1984 年，有超过 500 颗卫星在轨运行。1966 年，已经实现了卫星间的直接通信。到 20 世纪 70 年代末，有线电视公司开始提供从卫星传送下来的多频道供选择收看。当时，高功率卫星传输的电视信号强到足以被一米长的天线接收。1989 年，天空电视台开播。1962 年 11 月，俄罗斯发射了"火星 1 号"卫星，开启了行星际空间通信。"火星 1 号"

采用太阳能电池供电，在飞行了 1.06 亿千米处与地球失去联系。

全球定位系统（GPS）从 20 世纪 70 年代开始稳步发展，到 1994 年 3 月，美国空军已经建立了一个全面运行的由 24 颗卫星组成的 GPS 系统。此时，GPS 已经有了越来越多的商业和军事应用。1996—2001 年，使用 GPS 设备的汽车数量从 110 万台增加到 1130 万台，可以看出 GPS 系统的快速增长。

1998 年，国际空间站的第一个可居住舱（ZARA）建成，这是美国、欧洲各国、日本、加拿大和俄罗斯合作项目的一部分。2000 年，一个可居住的控制和指挥中心被纳入其中。当时，美国、欧洲、加拿大、俄罗斯、中国、日本都拥有了在轨卫星，用于记录天气以及商业和军事应用。近年来，科学家利用行星卫星已经成功地研究了太阳系各行星系统的表面细节，包括最远的矮行星冥王星，人造卫星于 2015 年抵达。美国国家航空航天局 2014 年的官方计划包括将人类送上火星，但由于成本问题，这一想法遭到了越来越多的质疑。

最初的万维网（WWW）原型是由蒂姆·伯纳斯－李于 1990 年年底在欧洲核子中心工作时编写的，他说："网络的主要目标是成为一个共享的信息空间，人和机器可以在这个空间交流。"他还表示，"这个空间是包容的，而不是排他的。"他的成就使任何有网络接入的个人或团体都能通过网络与他人分享信息，可以看作是 20 世纪 60 年代数字计算机网络技术的进步。随后的发展极为迅速，到 20 世纪 90 年代中期，万维网已经被数百万人使用。这种性质的国际电子网络在全球范围内产生了极其重大的影响，包括在银行业内部，并随后产生了深远的经济影响。

随着半导体元器件的不断缩小（迄今为止仍遵循"摩尔定律"）（截至 2016 年）允许构建越来越小的通信系统，同时提供更多功能。然而，由于量子层面的物理限制，使用硅平面技术已经无法进一步收缩组件（见 IEE Spectrum，2015 年 6 月）。纳米技术领域的进一步发展（在纳米尺度材料和设备的设计与发展）很可能扩展到包括创造越来越复杂的生物系统。

阻止移动通信系统更快速地缩小的主要障碍是未能开发出合适的电源。到目前为止，锂离子电池仍然是最佳的解决方案。锂电子电池于 1991 年问世，目前广泛用于移动电话、摄像机和笔记本电脑。目前（见 Proc.IEEE，2014 年 6 月），预测哪种生物化学电源可能成为最好的替代品还为时过早。

拓展阅读

Day, L and McNeil, I: *Biographical Dictionary of the History of Technology*, (Routledge, 1996).

Antébi, E: *The Electronic Epoch*, (Van Nostrand Reinhold Co., 1982).

Randell, WL: *Messengers for Mankind,* (Hutchinson & Co.).

Ceruzzi, PE: *A History of Modern Computing*, (MIT Press, 2000).

Desmond, K: *A Timetable of Inventions and Discoveries*, (Constable, 1974).

Dummer, GWA: *Electric Inventions and Discoveries*, (IPP, 4th ed., 1997).

Braun, E, and Macdonald, S: *Revolution in Miniature*, (CUP, 2nd ed., 1982).

Morris, PR: *A History of the World Semiconductor Industry*, (Perigrinus, 1990).

第 9 章

医学技术史

理查德·哈维

直到 19 世纪，技术才对医学产生影响。在此之前，治疗方法仅限于使用自然生长的植物和天然存在的矿物，以及基于观察和实验的简单手术方法。本章大致按时间顺序叙述医学治疗技术如何日益进步的。

几千年前，世界上许多地方的医学都是独立发展的。在古埃及、美索不达米亚、印度和中国，学者们制订了了解病史、检查、诊断、治疗和预后的原则。疾病的原因尚不清楚，大多归咎于超自然的影响、恶魔、魔法或命运。治疗方法包括使用草药、涂抹药膏和软膏、针灸（在中国）、按摩和简单的外科手术，如切除肿块、切开脓肿和缝合伤口。

从新石器时代到 19 世纪初，疾病和死亡的原因可能基本没有变化。平均预期寿命很低，许多婴儿和儿童在出生后几年内就死了，如果生命的最初几年能存活，预期寿命就会长得多，也许是 45 年或更长。死亡的主要原因是婴儿腹泻、天花、疟疾、脊髓灰质炎、麻疹或肺结核、战争、事故、饥荒和营养不良以及分娩死亡。目前，在发达国家这些成为不太常见的死因，但在世界许多地方每年仍然有数百万人因此丧生。

医学治疗的发展

合理的医学治疗取决于对正常人类生理学和疾病本质的理解。然而，许多成功的治疗方法是在掌握这些知识之前基于简单的观察和实验而开发的。随着对疾病基本机制认识的加深，医疗技术的显著进步成为可能，其中一些被记录下来。这是一个非常大的主题，所以我们通过列举一些关键的医疗进步的例子来说明问题。

奎宁

疟疾是一种古老的疾病，在亚洲、非洲和中东肆虐，至少从 15 世纪开始，疟疾就在英格兰东南部的沿海地区流行，但跟"发烧"几乎没有区别。秘鲁当地人成功地用南美洲本土树种金鸡纳树的树皮来治疗"发烧"。从南美洲回来的西班牙耶稣会传教士将这种治疗方法引入了欧洲，英国药剂师罗伯特·塔尔博尔用一种基于金鸡纳树皮的秘密混合物治愈了许多生活在芬斯和埃塞克斯沼泽地的人的"发烧"，最终因治好了查尔斯二世被任命为皇家医生。塔尔博尔去世后，金鸡纳的秘密及其活性成分奎宁开始广为人知。奎宁成为英国在亚洲和非洲殖民地常用的一种重要药物，大大降低了之前被送到西非"白人坟墓"国家（特别是塞拉利昂和黄金海岸）的欧洲人 50% 的死亡率。因此，尽管疟疾的病因和治疗机制完全不为人知，但一种有效的疟疾治疗方法还是出现了。随后的 250 年后，疟原虫被发现，它的生命周期和通过蚊子传播的方式也被记录了下来，从而找到了控制该疾病传播的方法，例如通过控制其昆虫载体，即雌性按蚊，控制疾病的传播。

天花

抗击天花的故事也说明了简单的观察、实验和应用成功的方法防治疾病的价值，尽管对疾病本身的机制了解甚少。天花的防治是医学科学史最引人注目的胜利，即人类第一次从世界上完全消除了一种致命疾病。

千百年来，天花一直摧残着人类的健康，甚至一些埃及木乃伊上也出现特有的麻点。罗马帝国的衰落部分归因于安东尼的天花瘟疫，这场瘟疫夺走了 700 多万人的生命。天花是由西班牙人和葡萄牙人传入美洲的，对当地居民造成了毁灭性的影响，对阿兹特克和印加帝国的衰落发挥了重要作用。18 世纪，欧洲每年有 40 万人死于天花，死亡率在 20%～50%，幸存者通常有近乎毁容的疤痕，大约三分之一的患者会失明。

众所周知，从天花中康复的人对天花病毒具有免疫力，可以安全地护理那些正在患病的人。正因如此，在印度、中国和非洲形成了这样一种做法：用天花脓疱中少量物质接种在人们的皮肤上，让他们（期望）轻微感染天花，这一过程称为人痘接种。这项技术在 18 世纪初被引入欧洲，可能是由来自君士坦丁堡的商人引进的。2%～3% 的人在接种后死于天花，但这一死亡率还不到自然得病死亡率的十分之一。在被欧洲各皇室成员采用后，人痘接种防治天花变得越来越流行。

爱德华·詹纳在伦敦接受约翰·亨特的培训后，于 1773 年在格洛斯特郡的伯克利开始行医。他听说，如果挤奶女工以前得过牛痘，就会对天花免疫，牛痘是一种在奶牛中普遍存在的轻微感染。1796 年，詹纳遇到了一位年轻的挤奶女工，她的手上有新感染的牛痘病灶。詹纳用这位挤奶女工手上病变部位的物质给一个 8 岁的男孩接种，接种后这个男孩除了轻微的发烧外，没有任何不良反应。随后，该男孩进一步被接种了天花病毒，他似乎对天花有了免疫力。詹纳称这一过程为疫苗接种（源自拉丁文 vacca，即牛），尽管早期存在争议，但这种预防天花的方法在欧洲各地迅速传播。

1967 年，世界卫生组织发起了一场全球性的天花疫苗接种运动，十年后，这种疾病从世界上根除。1980 年，世界卫生大会宣布："世界及所有人民成功摆脱了天花"，并建议停止接种疫苗。

坏血病

坏血病（又称维生素 C 缺乏病）是一种令人不快的疾病，其特点是嗜睡、皮疹、牙龈出血、牙齿脱落、呼吸困难、骨痛、神经损伤并最终死亡，坏血病在长距离的海上航行中很常见，是海上旅行的限制因素之一，在长距离的航行中往往导致大量的乘客和船员死亡。据估计，1500—1800 年，坏血病导致 200 多万名海员死亡。坏血病在十字军东征时也有记录。各种水果、酸和蔬菜都曾被尝试用来治疗坏血病，尤其是坏血病草。直到 1747 年，詹姆斯·林德首次在临床试验中表明，可以通过在饮食中补充柑橘类水果预防和治疗坏血病，但其他形式的酸则不能。拿破仑战争期间，皇家海军通过向所有船员发放新鲜柠檬（以及后来的酸橙）而摆脱了坏血病，健康状况得到了显著改善。

因此，在不了解病因的情况下，开发出了一种治疗坏血病的方法。即使到了 20 世纪，坏血病仍然是一个问题，例如在各种南极探险中，尽管人们知道通过柑橘类水果根除了海军中的坏血病，但人们错误地认为坏血病的罪魁祸首是受污染的罐头肉。斯科特和沙克尔顿的探险队成员都因"罐头"而患上了坏血病。

尽管人们怀疑柑橘类水果中的某种化学物质可以预防坏血病，但这种化学物质却很难分离出来，因为水果中的糖分干扰了提取过程。一位匈牙利医生圣捷尔吉·阿尔伯特一直在尝试分离和鉴定抗坏血病的化学物质，他碰巧住在世界辣椒之都塞格德，他尝试了没有干扰性糖分的辣椒，并很快从辣椒中分离和纯化了大量的"抗坏血酸"，足以证明这确实是难以捉摸的物质，"抗坏血酸"后来被称为维生素 C。

洋地黄

20 世纪 50 年代，青霉素被广泛使用之前，化脓性链球菌的感染非常普遍，典型的症状是喉咙痛。许多人对这种感染产生了奇怪的反应，他们身体的免疫系统不仅攻击细菌，而且攻击各种身体组织，特别是关节、心脏瓣膜、皮肤和神经系统，引起不同的急性风湿病、风湿热、猩红热和舞蹈症（不自主的抽搐）。对许多人来说，一个严重的长期后果是心脏瓣膜的炎症（风湿性心脏病），在这种情况下，脆弱的瓣膜会增厚、变成瘢痕性、变得狭窄，甚至功能丧失。这将可能导致心脏功能衰竭，泵血功能消失，出现呼吸困难、昏昏欲睡、体内积液越来越多（水肿）和死亡。几个世纪以来，心力衰竭很常见，但一直没有有效的治疗方法。

威廉·威瑟林医生在爱丁堡接受医学培训后，开始在斯塔福德执业，后来转到伯明翰总医院，在那里他建立了一个大型诊所免费治疗 2000 ～ 3000 名穷人，并在该地区四处游历。他发表了关于植物学的论文，并与约瑟夫·普里斯特里、伊拉斯谟·达尔文和詹姆斯·瓦特一起，成为伯明翰月亮学会的成员。

1775 年，一位患有严重心力衰竭的病人向威瑟林咨询，但被告知没有有效的治疗方法。过了一段时间，威瑟林偶然再次见到这位心力衰竭的病人时，惊讶地发现病人的病情奇迹般的改善了。经过询问后，威瑟林得知病人从附近的什罗普郡的一位老妇人那里得到治疗用的草药。威瑟林找到这位老妇人，经过一番交涉后得到了药方，经研究确认活性物质是紫色洋地黄的叶子，即洋地黄。威瑟林经过大量的试验，证实了洋地黄对治疗心力衰竭有效，于 1785 年将这种疗法引入临床治疗。时至今日，它仍被广泛使用，作为纯粹的强心剂：地高辛。

霍乱

霍乱是一种急性腹泻病，会迅速导致人体中大量液体的流失，造成脱水、循环衰竭，病例死亡率高达 10%。这种疾病可能自古以来就存在，主要集中在印度的恒河地区。1817 年，一场影响范围波及印度、中国、日本、东南亚和中东地区的霍乱大流行导致数百万人死亡。霍乱的第二次大流行于 1826 年在俄罗斯开始，蔓延到欧洲其他地区、北非和北美，并于 1832 年到达伦敦。最初的病例出现在海滨城镇，说明受感染的人是通过海路抵达的。霍乱的病因被认为是大气中的不良空气，即"瘴气"，尽管约翰·斯诺博士认为受污染的水可能是罪魁祸首（这个想法没有得到支持）。1854 年，伦敦爆发了另一场流行病，导致 1 万多人死亡。在约翰·斯诺居住的弗里斯街的苏荷区爆发了一场严重的疫情，在接下来的三天里，居住在布罗德街地区的 127 人死亡，随后的三个星期内有500 多人死亡。约翰·斯诺采访了该地区所有受影响的家庭，并在地图上标出他们的位置。疫情的中心点被证实是位于布罗德街和剑桥街拐角处的一个水泵。斯诺说服教区当局拆除了布罗德街水泵的把手，两周内疫情就结束了。这次疫情中汉普斯特德的一位妇女和她的侄女的死亡令人费解，约翰·斯诺详细询问了这位妇女的儿子，得知由于这名妇女喜欢布罗德街这口水井的水的味道专门让人从布罗德街送水到家。经过调查，布罗德街水源的污染可能是附近污水池的液体渗入井中造成的。

罗伯特·科赫在 1883 年分离出致病菌霍乱弧菌，并证明通过给患者提供大量的液体（口服补液疗法）可以大大降低死亡率，认识到提供清洁的饮用水可以预防这种疾病，这些认识使得人们对霍乱的预防、管理、治疗取得了进一步的发展。尽管如此，世界卫生组织估计至少有 7.5 亿人仍无法获得清洁的饮用水，每年全球报告的霍乱病例有 10 万～ 60 万，而且可能有更多未报告的病例，这仍然是令人沮丧和倍感挫败的数据。

产褥热

几个世纪以来，分娩都是一件危险的事情，许多妇女死于产褥热。1844 年，伊格纳兹·塞麦尔维斯成为维也纳综合医院的一名助理，专门从事助产工作。医院里有两个产科诊所，一个由助产士组成，另一个由医学院学生组成。产妇的死亡率第一个诊所为 2%，而第二个诊所为 13%，对于这种差异没有明确的解释。

塞麦尔维斯的一个朋友在解剖尸体时割伤了自己，由于伤口感染而死亡，其症状与产褥热非常相似。这一观察使塞麦尔维斯相信，第二个诊所的死亡率高是由于一些传染性物质被医学生从尸体带到了分娩的母亲身上。因此，他坚持要求医学生在去产科之前用氯化石灰溶液洗手。该科室的产褥热死亡人数立即从 13% 下降到 2%。

塞麦尔维斯的这些发现并未得到同事和其他医务人员的好评，部分原因是他们不喜欢自己可能要对一些人的死亡负责。虽然塞麦尔维斯的研究结果最终被接受，但在此之前，持续不断的批评使他越来越沮丧，并且在 47 岁时死在了精神病院。

病菌和灵丹妙药

1854 年，路易斯·巴斯德被任命为里尔大学的化学教授，并被要求为当地葡萄酒行业遇到的实际问题寻找解决方案。巴斯德证明细菌是使葡萄酒变酸的原因（后来证明也是使牛奶变酸的原因）。他表明，可以通过加热之后冷却（巴氏杀菌）来防止葡萄酒变酸。巴斯德认为，使其变酸的细菌是通过空气传播的，这一观点遭到了其他人的质疑，他们认为细菌是自发产生的。巴斯德提出了疾病的细菌理论，认为病菌从外部攻击人体，这一理论最初并不被广泛接受。巴斯德用这一理论来解释许多疾病的原因，特别是炭疽病、霍乱、肺结核和天花。

1876 年，德国的罗伯特·科赫从一头受感染的牛身上分离出了炭疽杆菌，并将分离出的炭疽杆菌在培养皿中培养纯化，然后将培养物接种到动物身上，可以重现这种疾病。在巴斯德看来，这是一项了不起的成就。然而，1870—1871 年普法战争后的紧张局势意味着巴斯德和科赫将成为竞争对手而不是合作者。

科赫接下来将注意力转向了肺结核的研究，并在 1882 年报道说，肺结核是由结核分枝杆菌感染引起的。在柏林慈善医院工作的医生保罗·埃利希参加了科赫在柏林举行的关于结核分枝杆菌的讲座。埃利希一直在尝试使用染料对组织和血细胞进行染色，他改进了科赫的结核分枝杆菌染色方法，后来两人成为朋友。埃利希引入了活体染色法，即将染料注射到活体动物体内并研究其分布。埃利希使用的染料之一是亚甲基蓝，由于疟原虫可以被亚甲基蓝染色，他认为这可能会有抗疟疾的效果，事实确实如此（尽管用亚甲基蓝治疗人类的疟疾是不现实的）。埃利希用许多种染料进行了实验，发现豚鼠锥虫病可以用锥虫红治愈。与砷结合的苯胺染料被尝试用来治疗人类锥虫病（昏睡病），这种治疗方法虽然有效，但毒性太大。埃利希和他的首席生物化学家用大量类似的化合物进行了实验，发现其中的第 606 种——阿斯苯胺，虽然对锥虫病无效，但对梅毒的致病菌苍白螺旋体非常有效。这种治疗梅毒的药物被命名为"撒尔佛散"上市，这是第一个"灵丹妙药"，对治愈梅毒有奇效。

在寻找"灵丹妙药"化合物的过程中，人们对其他染料也进行了研究。德国拜耳公司研究了数百种煤焦油衍生的偶氮染料（含有化学偶氮基团）。经过多年毫无结果的反复试验，发现了一种对小鼠链球菌感染有活性的红色染料。这种活性药物被命名为"百浪多息"于 1935 年上市，是第一个磺胺类药物。在青霉素问世以前，"百浪多息"的活性代谢物磺胺和其他"磺胺"类药物是治疗细菌感染的首选药物，且至今仍在广泛使用。

青霉素

1928 年 9 月，亚历山大·弗莱明博士在伦敦圣玛丽医院担任细菌学家，在他外出度假时，他的一些细菌培养板上长出了霉菌，他注意到其中一个霉菌生长的区域周围有一块明显干净的区域。弗莱明意识到，这种霉菌，即青霉菌，能够产生一种抑制细菌生长的化学物质，而且这种化学物质可以在这种霉菌混浊液过滤后的溶液中找到。他为这种化学物质创造了"青霉素"一词，并用"抗生素"一词来描述其抗菌作用。弗莱明不是一个很好的发现者，他没有进行活体试验测试青霉素的抗菌效果，比如对老鼠感染影响，因此人们对他的发现兴趣不大。

随着第二次世界大战的爆发，由澳大利亚人霍华德·弗洛里和纳粹难民恩斯特·查恩领导的牛津大学研究小组，证明了青霉素对动物和人类感染都有效。大规模生产的方法随之被成功开发出来，1944 年诺曼底登陆时，有超过 200 万剂的青霉素及时供应。青霉素成为由一种生物产生的、能有效杀死其他生物的一系列抗生素中的第一种。1954 年，对结核分枝杆菌有活性的链霉素是被引入临床医学的第二个主要抗生素。

靶向药物

到 20 世纪 60 年代，人类生理学知识的进步推动了新药物的发现。人体的大多数过程是由化学物质控制的，这些化学物质通过附着在细胞表面的特定受体位点与细胞相互作用。在大脑和神经系统中有大量的"神经递质"，它们以类似的方式作用于神经连接处。

肾上腺素是一种具有广泛影响的简单分子化合物。它在交感神经系统的神经末梢释放，也由肾上腺分泌到血液中，并由血流带到其目标器官受体。肾上腺素负责"战斗或逃跑"的反应，例如心率和血压的升高。

在帝国化学工业公司工作的詹姆斯·布莱克博士希望开发一种药物，通过减少心脏的工作负担，从而减少对氧气的需求，帮助治疗心绞痛。研究表明，心肌具有两种不同的肾上腺素受体，

即 α 受体和 β 受体，因此阻断其中一种受体可能都是有效的治疗方法。结果如预期，布莱克和他的团队合成了一种新的化合物普萘洛尔（心得安），并发现它是一种有效的 β 受体阻滞剂。心得安是一种非常有效的治疗心绞痛（并彻底改变了这种情况的治疗）、高血压和心律失常的药物，并迅速成为全球最畅销的药物。其他 α 受体和 β 受体阻滞剂也相继问世，它们具有不同的 α 受体和 β 受体亲和力，特别是非常成功的阿替洛尔。

布莱克并不满足于这一成功，接下来他想尝试找到一种类似的组胺受体拮抗剂，负责刺激胃酸的分泌。由于帝国化学工业公司对这一项目不感兴趣，因此布莱克离开了该公司，加入了竞争对手史密斯·克莱恩和弗伦奇公司。在接下来的 12 年里，布莱克开发了他的第二个革命性药物，组胺 H_2 受体拮抗剂西咪替丁。该药能明显抑制胃酸分泌，对十二指肠或胃溃疡或因胃酸反流导致的食管炎患者有明显的临床效果。西咪替丁被誉为一种神奇的药物，并在短时间内超过普萘洛尔成为世界上最畅销的处方药。

分子生物学和基因治疗

许多疾病是由于细胞内遗传物质（DNA）的异常造成的。这可能导致生产特定蛋白质的编码出现问题，从而缺乏该蛋白质，例如出血性疾病血友病甲（A 型血友病），是由于人体无法生产凝血因子Ⅷ而导致的。控制细胞生长和复制的基因可能出现异常，如癌症和白血病。近年来，人们一直在探索通过修改人类染色体以治疗疾病的可能性。主要有两种可能性，增加一个基因来取代一个没有作用的基因，破坏不正常工作的基因。

分子生物学的进步意味着许多诱发疾病的基因已经被确认，它们的 DNA 序列可以被合成形成一个人工基因。为了产生效果，合成的基因必须被引入细胞内部，这通常是通过将其整合到作为载体的工程病毒中实现的，该病毒携带基因进入血液，穿过细胞壁并将其整合到染色体中。这些技术过于复杂，无法在此详细描述。许多临床试验正在进行，特别是集中在有单一基因缺陷的情况下，如血友病、地中海贫血、免疫缺陷和囊性纤维化。治疗基因被转移到接受者的体细胞（非性细胞）中，因此该治疗基因只能治疗该个体，不能传给后代。与这种体细胞基因疗法相反，生殖系基因疗法涉及修改生殖细胞，无论是卵子还是精子，体内所有由这些细胞衍生出来的细胞都将携带修改过的基因，并传给后代，理论上可以消除一种遗传性疾病。出于伦理方面的考虑，一些国家禁止这种治疗，至少目前是这样，但前景仍令人振奋。

外科的发展

在 19 世纪之前，有两个主要问题限制了除最基本和最简单的外科治疗以外的其他治疗，外科手术的痛苦和伤口感染的高风险，其结果往往是致命的。

手术中的疼痛缓解

几个世纪以来，人们一直使用鸦片或（17 世纪以后）含有鸦片的混合物——鸦片酊来缓解疼痛，病人的痛苦随外科医生治疗速度的加快而减轻，例如在一分钟内截去病肢。1798 年，在布里斯托尔的霍特威尔斯气动研究所，汉弗莱·戴维用一氧化二氮（俗称"笑气"）进行了实验，并注意到它可能可以用来止痛。如今，"笑气"仍然被牙科医生用于止痛，50%一氧化二氮与50%氧气混合的"安桃乐"用于产科，尽管其止痛效果对于大手术来说不够好。波士顿的一位牙医威廉·莫顿在 1842 年公开展示了乙醚作为外科麻醉剂，由詹姆斯·辛普森在 1847 年推出氯仿。这两种药剂都能在缓解疼痛的同时，使受试者失去知觉，这在令人恐惧的手术中是一个很大的优势。1853 年，维多利亚女王在分娩利奥波德王子时使用了氯仿，很快氯仿得到了广泛的应用，使得耗时更长和更复杂的手术得以进行。如今，更新、更安全的卤代烃是现代麻醉剂的关键成分。

防治伤口感染

苏格兰外科医生约瑟夫·李斯特读到了路易斯·巴斯德的研究，该研究表明，食物的腐烂和发酵是由微生物造成的，而这些微生物可以通过过滤、加热或化学溶液消灭。李斯特认为类似的情况也可能发生在受感染的伤口上。李斯特尝试用苯酚溶液喷洒手术器械、手术切口和敷料，结果发现坏疽率显著降低。他在1867年发表了一系列的研究结果，证实了这种"防腐"治疗的效果。随后人们得出结论，与其杀死已经进入伤口的细菌，不如从开始就防止它们进入伤口。这促进了"无菌"技术的发展，并成为现代外科手术的基本原则。

复杂的外科手术

麻醉、无菌技术的进步以及输血和液体替代疗法的发展，使得更长、更复杂的外科手术成为可能。20世纪，在医学发展过程中外科医生在特定的外科领域逐渐专业化，如普通外科（主要是腹部）、骨科、心胸外科、神经外科、整形外科等。英国皇家外科学院列出了十个定义明确的外科专业，这些外科专业医生需要接受特定的高等培训。

每个外科专业都发展了高水准的技术方法，这些方法太多，在此不作详细介绍。

普通外科医生开发了"微创"（洞眼手术）手术，特别是腹部手术，例如，切除病变胆囊以治疗胆结石（胆囊切除术），过去需要在肋骨下切一个约15.2厘米长的切口进行，之后需要住院两周，而使用微创手术只需2～3个小切口，病人手术后当天或第二天就可以回家。

20 世纪 60 年代，骨科医生约翰·查恩利在莱特顿医院开创了植入人工髋关节置换受损髋关节（球窝关节）的先河，该人工髋关节由一个圆头的不锈钢股骨柄和一个用骨水泥连接到骨盆的聚乙烯内衬组成。自那时以来，已经对该人工髋关节进行了各种改进，但基本设计保持不变。其他关节现在也可以被替换，尤其是膝关节、肩关节和踝关节。髋关节置换现在是最常见的骨科手术，在英格兰和威尔士每年约有 10 万例手术。关节置换术的数量正在稳步增加，这同时反映了老年人数量的增加。

　　心脏手术一般取决于外科医生能否接触到不跳动的心脏，这需要体外循环。这些复杂的技术是在 20 世纪 50—60 年代发展起来的。在手术过程中，心肺机对人体提供血液循环和供氧。血液通过通常放置在腔静脉或股静脉的插管从患者的血液循环中抽出，通过泵将静脉血引向膜式氧合器，膜氧合器取代了肺的气体交换功能。一个微孔中空纤维气体渗透膜将血液与氧气分离，使气体交换以相对无创的方式进行。含氧的血液通过第二个插管回输到患者的动脉循环中，通常是进入主动脉。必要时，重新启动心脏的跳动，用直流电击进行心脏复律以纠正异常的心律，如房颤，这是常规做法。使用体外循环的外科手术包括冠状动脉旁路移植术、心脏瓣膜修复或置换、心房或室间隔缺陷的关闭、先天性心脏缺陷的手术以及心脏或肺部移植。使用可转向导管的经动脉手术一般是由心脏病专家或放射科医生而不是心脏外科医生进行的。

　　神经外科手术问题很多，部分原因是大脑和脊髓的组织通常不能很好地愈合或再生，再加上大脑的许多重要区域非常接近，对一个区域进行手术有可能损害邻近的区域。这意味着大脑内的恶性脑瘤（胶质瘤）通常是无法治愈的，放疗和化疗可能只会带来一些缓解。除恶性颅脑疾病外，颅腔内的神经外科手术是最有效的，特别是切除垂体腺瘤、剪除颅内动脉瘤、在侧脑室放置分流器治疗脑积水和立体定向手术治疗帕金森。脊髓或神经根压迫的椎管手术是安全而有效的。

整形手术早在古代的埃及和印度就有了，例如改变鼻子的形状或大小。在无菌技术和现代麻醉技术出现之前，只能做一些小手术。整形外科的进步是由第一次世界大战中士兵遭受的面部伤害（哈罗德·吉利斯爵士）和第二次世界大战中空勤人员遭受的烧伤（阿奇博尔德·麦因道爵士）所推动的。整形外科有许多细分领域，包括现在快速发展的整容外科领域，其是在身体的正常部位进行手术，目的只是为了改善一个人的外貌。

移植和植入手术

许多身体器官会因疾病或受伤而衰竭。虽然身体器官的功能有时可以通过机器代替（例如肾脏的透析），但许多器官，如肝脏、心脏或肺的功能非常复杂，机器只能短暂地代替其功能。现在，组织匹配和免疫抑制已经克服了免疫移植排斥的问题，从脑死亡捐赠者身上移植这类器官，为那些重病患者提供了生存的机会。活体捐赠者也可以捐赠一些器官，例如骨髓、肾脏或部分肝脏。这些技术受到伦理和技术问题的困扰，从长远来看，希望寄予干细胞方法可能成功地在体外培育相关器官上。

现在有各种各样的人造植入物，包括人工关节、心脏瓣膜、心脏起搏器、动脉支架、主动脉髂关节移植物、扣环、人工耳蜗、胃箍、心脏间隔缺损闭合装置、心室分流器和人工晶体。

影像学

疾病的诊断和治疗取决于对人体解剖学的准确掌握。20 世纪以前，这是不可能的。在过去的一百年里，一些伟大的技术进步，通过许多复杂且昂贵的技术，揭示了人体的内部结构和身体许多功能的细枝末节。

1895 年，威廉·伦琴报道了他用阴极射线管研究放电现象时，发现涂有氰亚铂酸钡的荧光屏发出微光。他认为，阴极射线管产生了一些未知的看不见的射线（他称之为 X 射线），并且这些未知射线可以穿过纸张、纸板甚至书籍，导致屏幕发出微光。他发现，可以利用 X 射线在照相板上获得妻子的手的图像。

此后不久，亨利·贝克勒尔发现，铀产生的射线与 X 射线相似，能够穿透各种材料，居里夫人决定对这一现象进行研究。在分析沥青铀矿时，她发现铀以外的元素也具有"放射性"，然后她分离出钍，接着分离出钋和镭。她意识到，这些射线的产生是自发的，来自原子本身。

X 射线和放射性同位素在现代临床实践中发挥了重要作用。1914 年，在第一次世界大战爆发时，居里夫人成为法国红十字会放射科主任，并建造了 20 个移动 X 射线设备，这些设备证明了其在医学中的价值。技术的进步使得消化道的可视化成为可能（在注入放射性不透明悬浮液，如铋和后来的钡，之后），以及 X 射线断层扫描（一种聚焦 X 射线的方法）和后来的计算机断层扫描（CT）。

同位素（尤其是发出 γ 射线的 ^{99m}Tc）附着于脑、骨、甲状腺和肝脏等器官后，被用于扫描这些器官。还可以利用同位素进行动态研究，例如，用同位素肾图检查肾功能或用铊扫描心脏。

放射性同位素可用于测量血液中的微量物质，使用饱和度分析（例如维生素 B_{12}，使用放射性钴 -57 标记的维生素 B_{12} 和特定的维生素 B_{12} 结合蛋白）或放射免疫分析（例如胰岛素，使用 ^{125} 碘标记的胰岛素和特定的抗胰岛素抗体）。

早期使用 X 射线和放射性材料的工作人员发现，放射性可能会导致出现像烧伤（有时会有溃烂）或脱发的皮疹。随后，X 射线被成功地用于治疗皮肤癌，而镭也被证明是有效的。经过一段令人振奋的发展，这种"放射疗法"被用来治疗各种疾病，包括肺结核，但大多收效甚微，镭被当作"灵丹妙药"出售，随后人们意识到辐射有严重的副作用。20 世纪 20 年代，有些女孩在用含镭的夜光涂料涂刷手表和时钟表盘时死亡。有报告称，在接受放射治疗的病人中出现了癌症的病例，而且通常是在接受放射治疗多年之后。

如今，放射治疗是治疗许多癌症的一种宝贵的辅助手段。最常使用的是外照射疗法，从外部照射目标，通常有一系列的治疗过程。其他类型的外照射疗法还在开发中，例如使用质子束而不是 X 射线。相比之下，钇 -90，一种 β 射线（电子）可以在身体内部使用，或者作为钇针直接置于肿瘤内部，或者与特定的单克隆抗体结合附着在目标肿瘤上。由于电子在组织中的作用范围非常小，因此效果仅限局部。

现在辐照的危害众所周知，所以诊断用的 X 射线剂量要尽可能低，特别是对儿童和孕妇等脆弱群体。

正电子发射断层扫描（PET）是一种非常复杂的功能成像技术，在这种技术中，微量的放射性核素与生物活性分子联合，并绘制出其在体内的分布图。一种常见的微量物质是氟脱氧葡萄糖，它在新陈代谢和葡萄糖摄取量增加的区域被吸收。这在临床上被用来检测癌症转移，也是一个有价值的研究工具。

超声波由声波组成，是人耳无法听到的高频率声波。超声波从表面和界面反弹回来，可以以图像形式记录。在压电换能器中产生的重复的短脉冲超声波被施加到身体表面，可以看到身体内部结构的细节。由于不涉及电离辐射，该检查方法是安全的，特别是在怀孕期间。产科超声是由格拉斯哥大学的助产学教授伊恩·唐纳德在 20 世纪 50—60 年代推广的，并已成为妊娠管理中不可或缺的检查手段。此外，还可以使用多普勒超声波流量法进行动态研究，它可以测量血管和心脏的血流量（"超声心动图"）。注射微泡造影剂后，小血管也可以被清晰地观察到，更新的技术还在继续开发。

磁共振成像（MRI）扫描可以提供所有内脏器官扫描方法

图 9.1 人类头
部的磁共振扫
描图像。（理查
德·哈维）

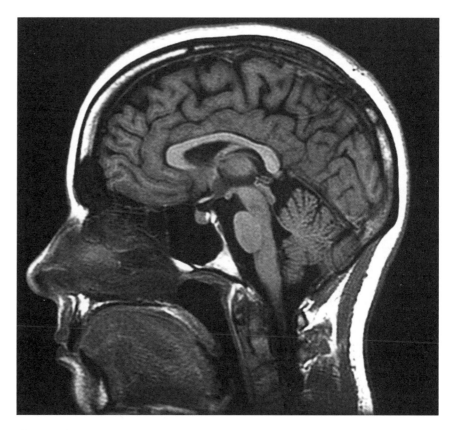

中最详细的扫描。强磁脉冲使各种原子的"自旋"极化，特别是氢，作为水的组成元素在体内大量存在，脉冲过后，随着自旋的原子回复到以前的状态时，就会产生微弱的无线电波，这些电波可以被检测到。经过复杂的计算机分析，可以产生令人惊叹的清晰的人体内部结构图像。

内镜检查和介入放射学

直到 20 世纪 60 年代，对胃肠道的直接观察仅限于食管、近食管端的胃的一小部分区域和直肠。坚硬的金属管被引入胃部观察胃（第一次到达胃部是在一个专业的吞剑者身上），但看不到胃的圆角。赫蒙·泰勒胃镜有一个带透镜的柔性末端，可以看到远端胃部，还有一个胃照相机，安装在带柔性管的末端，并装有一个带微型胶片的透镜，通过闪光灯曝光拍摄一系列图片，使用了一段时间。随着纤维光学技术的突破，一大批内窥镜在 20 世纪 70 年代被开发出来——胃镜、十二指肠镜（侧面观察，允许插管胆管和胰管）、用于小肠的长肠镜和结肠镜。所有这些内窥镜都包括一束连贯的玻璃纤维束能够传递图像，一个单独的较小的纤维束携带外部光源，一个用于抽吸或充气的通道，以及一个用于通过医疗器械的通道——活检钳，用于切除息肉的夹子，用于从胆总管中取出胆结石的切割线和篮子，充气球囊（用于扩张狭窄处）和激光。纤维内窥镜现在基本上已被视频内窥镜所取代，其设计基本相同，但图像来自内窥镜末端的一个小型摄像机，并显示在屏幕上。类似的仪器也可用于身体其他部位的检查，例如鼻子、呼吸道和膀胱，以及儿科使用。还有一些内窥镜可以通过小切口、关节镜、腹腔镜或胸腔镜等使用。

使用小型可操纵医疗器械进入人体内部器官和空间，模糊了专业之间的界限。只要经过适当的培训，内科医生、外科医生或放射科医生都可以使用内窥镜进行手术。有些手术，例如内窥镜逆行胰胆管造影术（ERCP），其中通过侧视十二指肠镜向胆囊和胰腺管注入造影剂，开展 X 射线检查。这意味着，由放射科医生进行整个手术是很方便的。其他需要筛查的微创介入手术也可以由放射科医生进行，例如将引流管放入腹腔脓肿；血管内治疗，如冠状动脉造影；血管成形术；放置支架；栓塞颅内动脉瘤和经颈静脉肝内门静脉分流术（TIPSS）以降低静脉出血患者的门静脉血压。与心脏有关的手术也是由心脏病专家进行的，特别是冠状动脉支架植入术和辅助传导束的消融术以治疗各种心律失常。

总结

技术在医学上的应用取得稳步进展之后，在过去的 20 年中有了显著的加速发展。现在有了非常复杂的机器和治疗方法，但新技术和方法的应用主要受成本限制（见下表）。

表　2018 年一些先进医疗技术的成本

装备	功能	大约成本（英镑）
钴机	放射治疗	5 000
心肺机	体外循环	15 000
图像增强器	X 射线筛查	30 000
线性加速器	放射治疗	35 000
伽马相机	同位素扫描	40 000
内窥镜检查设备	内窥镜检查	50 000
CT 扫描仪	成像	100 000
DNA 测序仪	分子医学	150 000
核磁共振成像扫描仪	成像	750 000
正电子发射（PET）断层扫描	功能成像	2 500 000
质子束发生器	放射治疗	200 000 000

不幸的是，医疗技术进步的速度超过了我们的支付能力。矛盾的是，在发达国家许多疾病已经几乎消失，分子生物学有希望治愈更多疾病时，新的主要是自身生活习惯问题导致的疾病已经占据主要位置。久坐不动的生活方式、吸烟、过度饮酒、吸毒和肥胖似乎在未来会影响子孙后代的身体健康。

拓展阅读

Brodsky, I: *The History and Future of Medical Technology*, (Telescope Books, 2010).

Kramm R, Hoffmann K P, Pozos R, (eds): *Springer Handbook of Medical Technology*, (Springer Verlag, Berlin, 2011).

Rubin RP: 'A Brief History of Great Discoveries in Pharmacology', *Pharmacological Reviews* 2007: 59; 289–359.

Gawande A: 'Two Hundred Years of Surgery', *New Eng J Med* 2012:366;1717–1723.

Technology and Medicine. www.sciencemuseum.org.uk.

第 10 章

技术与社会

安格斯·布坎南

图 10.1 塞戈维亚水渠。西班牙塞戈维亚的罗马水渠是罗马帝国时期精心建造的供水系统的众多遗迹之一。（安格斯·布坎南）

1986 年 4 月，乌克兰切尔诺贝利核电站的核反应堆发生爆炸，这充分表明，通过核裂变发电是一个建立在极度危险之上的产业。2011 年 3 月，日本福岛一座先进的核反应堆在地震和海啸后被海水淹没，导致另一次剧毒废物的释放，使大片地区遭受污染无法居住，并向大气释放核烟雾，这使我们的教训更加深刻。尽管对安全预防做了可以想到的一切可能措施，但很明显，这个行业仍然存在巨大的危险因素，甚至可能会导致一场危害程度难以想象的国际灾难。然而，世界已经开始日益依赖核电，以弥补替代性发电方法的不足。简而言之，这就是现代世界所面临的最严重的实际问题，它表明了技术和社会之间的牢不可破的关系。技术从根本上说是一个社会概念，包括人们应对需求和资源所采取的手段，因此，对技术和社会其他部分之间的关系有一个清晰明确的认识是至关重要的。

社会的概念

"社会"这个词被用于描述各种形式的人与人之间的联系，从非常松散的个人集合，如参加足球比赛的人；到高度组织化的复杂机构，如教会和国家。一些评论家认为"社会"这个词过于宽泛，以至于毫无用处。显然这种说法是不合理的，人类本质上是社会性的，为了生存和享受生活，需要与其他个体建立关系。所有这样的团体都有一定的集体目的，并且就实现这一目的的方式达成某种共识——即使是在足球队的成员之间——可以被视为一个"社会"。可以肯定的是，有些是强制性的"社会"，在某种意义上，我们出生在其中或发现是强加给我们；大多数是自愿的，因为我们可以选择在哪里接受教育、参加娱乐活动或创造创新，在我们想离开时离开。到目前为止，除了我们生来就在其中的家庭，义务性社会中最重要的是国家，国家是一个独立的社会，其独特的功能是负责维护群体的完整性，抵御来自外部的攻击和来自内部的瓦解，也就是负责防御和维护法律和秩序。每个人都出生在这样一个社会，并有义务遵守其法律法规，无论是一个小的部落群体还是一个大的国家。可以选择退出某些国家，但通常会选择加入另一个国家；也可以选择不加入任何国家，即无国籍，但长期以来无国籍一直被认为是一种"险恶、残酷和短暂"的生活状态。

技术在国家的形成和维护中一直发挥着至关重要的作用，随着现代民族国家的崛起，技术的作用变得更加突出，同时也问题重重。直到最近，我们利用了前辈无法想象的力量创造了一个拥有巨大财富的全球文明，在这个文明中，大多数人都能过上体面的生活，在短时间内搭乘快速的交通工具前往世界任何地方，并能与任何距离的朋友和伙伴即时沟通。同时，技术力量加剧了国际社会不同成员之间的激烈竞争，甚至与终极噩梦——核战也仅仅是一线之隔，在这个过程中，我们已然把文明生命的生存置于危险之中，我们污染环境，耗尽不可替代资源，以及几乎无法承受的人口增长压力。同样，我们也未能确保公平和均衡地分配我们的技术成果，在辉煌丰饶的技术成果中，大规模的贫困和无知的问题依然存在。我们似乎也导致了地球大气层的变化，造成了异常迅速的气候变化和海平面的上升，这对许多大城市的生存构成威胁。简而言之，所有这些都是我们的技术能力在 21 世纪向我们提出的挑战。这些矛盾能否及时解决，以防止我们先进的技术文明自我毁灭？

回答这个问题需要一些解构。这并不意味着技术本身要对这个问题负责。责任在于我们人类自己，我们使用了技术提供给我们的神奇力量，有时是不明智的甚至是恶意的使用，所以我们提出的问题是人类的选择，人类需要改变一些使用技术的态度。人类的责任是一个集体责任，整个社会都必须认识到这一点。尽管个人可以敦促同胞一起负起对技术的良性控制的责任，但个人对这种社会责任几乎无能为力。正如老话所说，一个优秀的技术员不会因为他的创作失败而责怪工具，同样，技术使用的任何失败都是使用技术的人的责任。因此问题可以重新表述为：国际社会能否设计一个可行的制度框架，以防止技术被滥用，并确保其创造性价值的提升？

国家的作用

关于控制技术的需求，第一个反应是认识到某种形式的可行的世界范围内的治理对我们的生存是至关重要的。所有国家政府的职能之一就是行使主权——保护社会免受外部攻击。这种政府在历史上有许多形式，但在近几个世纪以来，民族国家最为普遍。不幸的是，这造成了民族国家之间的竞争甚至引发战争，随着民族国家规模的扩大和日益强大的具有毁灭性的技术，类似战争的一系列事件不允许再次发生。

自第二次世界大战结束以来，在原子弹和生化战争技术等令人恐惧的技术阴影下，国际社会做出了认真不懈的努力，通过组建形成范围更广的组织，如欧盟和其他区域协会，以及联合国组织形式的全方位联盟，来试图克服民族国家的不足。尽管国际社会在贸易关系和提高世界卫生和食品供应标准等领域有许多出色的合作，但在遇到将国家主权权力移交给大型组织时止步不前、偃旗息鼓。国家作为具有共同语言、文化和传统的群体的表现方式，享有悠久而有益的历史，但在国际社会目前所处的普遍不安全的情况下，有必要将国籍的概念从其与国家主权的联系中剥离出来，并将这种主权赋予某种形式的世界政府。从长远来看，只有这样一个组织才能给人们带来任何现实的希望，使人们能够在与高科技武器的冲突中获得永久的安全，而短期内不太可能。

对于这个假定的世界政府的形式，没有必要作出太多非常明确的规定。很大程度的内部主权可以留给成员国，就像组织严谨的联邦宪法一样，他们可以保留决定民主、贵族或君主治理形式的传统手段。现代经验表明，民主制本质上是最稳定的社会形式，它能够为每个人创造性地表达自己的才能提供空间。因此，应该鼓励国际社会的成员国向民主制的方向发展，但是，任何令人满意的世界秩序安排的基础义务是，成员国必须向国际政府交出防卫权，组织一支装备精良的民兵队伍取代传统的国家武装部队，在必要时能够干预成员国之间的任何争议。这样的国际政府的组织形式并不是空想，因为实现这种国家政府所需的许多制度原型已经在一些区域组织和联合国组织中出现。现在最需要的是使其正常运作的远见和决心。

技术除了维持和平这一基本国家职能外，还密切参与了国家管理的许多方面，如专利保护的法律安排和对工人的健康和工厂安全问题的监督。政府在这方面有多种选择，从最低限度的干预，即除了维护和平和法律秩序外，一切都由个人自由决定或市场运作来决定；到最大限度的干预，即所有这些安排都受国家官员的密切监督。在实践中，这两种绝对的选择都是不可行的，政治的技巧是致力于找到最适合国家和时代的平衡点。大多数现代国家都认为有必要为保护专利法中的创新做出法律规定，并尽可能地安排与其他国家的专利制度的交流。他们也有义务对有存在隐患的工业流程和运输系统进行检查和监督。例如，19世纪30年代和40年代，铁路的发展促使英国建立一个小型但有效的监察机构，该机构有权在所有新线路核准载客之前对其进行调查，这些权力随后被扩大到铁路运营的其他方面。制碱工业和火药制造等过程也得到了类似的政府监督，使国家对新旧技术的控制逐渐加强，在某些情况下，例如向家庭提供纯净水，使地方或国家拥有公共服务功能。

英国，国家政府对社会各行业的控制在第二次世界大战后达到了很高的水平，天然气、电力、供水、铁路以及钢铁和煤矿等主要工业产业都被纳入国家所有。随后的英国政府对这其中的许多行业又转回了私有制或市场控制，但对技术组织的大量监督仍由地方或国家政府主导，为日益复杂的技术系统的监管提供了一个重要的角度。此外，国家政府做了更多的社会干预，如立法禁止未成年人（儿童）在工厂工作和妇女在煤矿场工作，以及国家教育系统的发展，都对公共政策产生了重要的技术影响。这些可能被更具体地视为社会史。

家用科技

在家庭生活的层面上，技术在高科技时期，特别是在过去的 100 年里产生了巨大的社会影响。这种转变的基本特征是以蒸汽机和内燃机的形式向人们的家庭提供了容易获得的动力，后来又有了煤气和电力。煤气作为光源是由博尔顿和瓦特的同事威廉·默多克发现的，1802 年用煤气照亮了他们在伯明翰的工厂，默多克通过在蒸馏器中加热煤获得煤气，获得了一种被证明是高度易燃的气体。在几十年的时间里，每个英国城镇，无论大小，都配备了煤气厂，为工厂和住宅以及街道照明提供管道煤气。19世纪末，电力的引入提供了类似的服务，这刺激了天然气行业，使其改进了煤气灯，通过在"煤气罩"中用纱布燃烧提高亮度，大大提升了照明质量，但就便利性而言，煤气无法长期与电力竞争。为了适应变化的环境，煤气发展出其在加热炉和烤箱中的用途，并且这一功能今天仍然很重要，尽管现在供应的煤气通常是天然气或由石油燃料生产的"煤气"。

电力在燃烧加热领域对天然气也提出了挑战，并且有可能成为所有形式的照明和加热的主要能源形式。电灯最初是通过在两根相邻的杆子之间传递强大的电流而产生的"弧光灯"，并在 19世纪 50 年代以这种形式被引入灯塔；19 世纪 80 年代，美国的爱迪生和英国的斯旺发现，将碳丝置于真空的玻璃灯泡中，通电就能使其发出亮光，这一发现使电灯走进千家万户，只需按下开关电灯就可以提供照明。随后，人们发现这种灯泡能产生微弱的"自由"电流，使它们被广泛用于无线设备的"真空管"，不久之后，电视、电脑和现代世界的许多娱乐设备也被陆续发明出来。因此，电力对现代生活和文化产生了巨大的变革性影响。电力还为运输系统和许多工业应用提供了动力，但电力为家庭生活提供的便利服务最为直接，除了在现代生活和休闲中占据重要地位的收音机、电视机和电子设备外，还为电烤箱、洗衣机、吸尘器和一系列令人眼花缭乱的家用电器提供动力。

另一个非常重要的家庭生活设施，即为饮用和清洁提供可靠的纯净水，最初依靠的是古老的水坝和水库、水渠和过滤过程的水控制技术，这些需要一定程度的社会组织，而英国是缺乏这种社会组织的，直到需要处理大型工业城镇的供应问题才发展出了

图10.2 新拉纳克。许多成功的企业家都通过提供特殊的住房和公共设施来提高员工的舒适度，而最早做出这种考量的是19世纪初苏格兰新拉纳克的罗伯特·欧文。（安格斯·布坎南）

可靠的组织。直到那时才有足够的资源建造大规模的水坝链，例如 19 世纪中期曼彻斯特公司在朗登代尔山谷的峰区建造的那些水坝。当时建造的水坝都是土堤，其核心是夯实黏土以使其不漏水，并在上游用砖石砌成。后来的大坝往往是高大的砖石或混凝土墙，如科罗拉多州的胡佛大坝，在 1935 年建成时是美国最大的人工水库。这样的大坝在上游弯曲，将水的压力转移到大坝的肩部，而这些坝肩开凿在坚硬的岩石上。所有这些大坝中的水都需要通过过滤床净化，然后才输送给市民——有时距离是数十千米。

　　这个过程的另一端，即处理废水或污水，土木工程师精心设计了复杂的技术，在重力作用下将液体通过管道和导管（通常在地下）输送到过滤床进行净化，然后再将其排放到自然水道。19 世纪，人们通过蒸汽机根据地形要求将水抽到更高的位置，但随着电力的发展，蒸汽机几乎完全被电泵所取代。通过这些手段，河流一直保持着相对清洁，而在这些污水处理技术发展之前，城

图 10.3　萨默塞特的切特豪斯·安·门迪普从罗马时代一直发展到 20 世纪初，而这些遗迹正慢慢地重新融入景观之中。（安格斯·布坎南）

市河流被用作各种废水的直接排放地，其水质状况令人作呕，伦敦的泰晤士河就是如此。

　　化学是现代家庭的另一项形成性技术，它提供了许多新型材料，如"塑料"，有许多不同的形式，从用于摄影胶片的赛璐珞，到尼龙（第二次世界大战时出现的奇妙的新纺织面料）以及能被塑造成坚硬的各种形状的人造树脂和聚乙烯，这彻底改变了陶瓷和家具行业，并且通过赛璐珞的生产使相机摄影的普及成为可能。照相机——一个让光线通过小孔或玻璃透镜聚焦的盒子——已经被改造成在金属、玻璃或纸上捕捉阳光下的图像，这些图像通过光敏银氧化物溶液在"暗室"中由化学固定剂"显影"。1888年，美国人乔治·伊士曼在"柯达"相机中使用了赛璐珞胶片，使得摄影成为大众流行的技术。1894年，另一位美国人，托马斯·爱迪生，使用长串小条的赛璐珞作为他"电影"胶片的基础，通过齿轮的穿孔，展现出一系列再现动态观感的图像。爱

图10.4　水晶宫。为了举办1851年的"万国博览会"在海德公园建造的，这是个极其精致的玻璃和铁制结构，对这次活动的成功举办作出了巨大贡献。水晶宫后来被拆除，并在克罗伊登重建，但1936年被大火烧毁。（佚名）

迪生立即意识到如何应用这一深受大众喜爱的发明，他建立了第一家"电影院"，观众可以付费观看短片，从而诞生了最伟大的现代娱乐业之一。在所有这些方面，技术已经并将继续对现代社会中人们的生活方式产生深远的影响，并会在更广阔的环境中产生影响。

环境

一旦消除了民族国家之间冲突的祸根，在相互沟通和协商的重要技术辅助下，世界治理的新组织就有希望真正成功地转向国际环境问题。这些环境问题包括应对气候变化，饮用水和稀有金属等基本资源的枯竭，为世界人口提供优质食品，保护鲸鱼和世界海洋的鱼类资源，保护世界野生动物的生态家园，以及将世界人口稳定在可舒适生活的水平。在所有这些领域，技术都将继续发挥重要的作用，通过消除对战争的恐惧，从武器生产的必要性中解放出来，技术将变得更加强大。

对环境问题的焦虑由来已久，但在第二次世界大战以后，美国科学家蕾切尔·卡逊于 1962 年出版的《寂静的春天》使环境问题成为大众关注的焦点。通过美国郊区花园中鸣禽的消失，她揭露了滥用杀虫剂对野生动物的伤害，以及这类有毒物质通过食物链的富集对人类生命的威胁。制造这些危险品的化学和制药行业将蕾切尔·卡逊的言论视为危言耸听，但在几年内，她的论点被一些令人不寒而栗的事件所证实，如发现将沙利度胺作为医疗药物的灾难性后果，她的观点也迅速被广泛接受。一些危险化学品被完全禁止，另一些化学品则受到更严格的管控。

也许比蕾切尔·卡逊的观点的直接影响更重要的是长期影响，她激发了人们对生态学的极大兴趣——了解地球上物种之间的平衡和相互联系的科学，每个物种都有自己的"生态位"生活和繁殖。对生态学的关注催生了大量的研究文献，有许多不同的关注点和观点的学者贡献了他们的研究结果，对生态学的关注在 1972 年詹姆斯·洛夫洛克提出的盖亚概念中达到了高潮。盖亚这个名字取自希腊神话中的地球女神，将盖亚视为地球的生物圈——环绕地球的薄薄的土地、海洋和大气层，其中的各个部分和居民相互作用，以维持一个稳定、自我调节的环境。洛夫洛克认为，"通过改变环境，我们已经在不知不觉中向盖亚宣战"（《复仇》，第 10 页），特别是，燃烧化石燃料和向大气中排放二氧化碳，同时破坏雨林和其他吸收多余二氧化碳的植物光合作用的模式，人类活动加速了全球变暖，导致气候变化和海平面上升，其后果我们才刚刚开始认识到并开始采取措施加以纠正。洛夫洛克最后陷入了一个相当忧郁和厄运连连的境况，他认为这些纠正措施来不及拯救人类，但接受这样的结论并不是人类的天性，只要我们有目的地及时采取行动，我们仍有希望恢复盖亚的自然自我控制的行星系统。

改变环境恶化的措施，其中包括改变文化态度，认识到科学和技术在决定社会的结构和未来方面的关键作用；改变对教育的态度，教育不仅仅是作为一门学问或学术关注，而是关于个人不断增加对周围世界的知识和理解的持续需要。对人类态度的深刻调整将带来对新目标的接受意愿，例如已经提到的那些目标——增加世界粮食供应和保护珍贵的水资源，改善世界人口的健康和卫生水平，保护和改善环境和合理使用地球上不可再生的资源，确保控制人口的政策的合理实施。所有这一切都将鼓励人们促进对宇宙的系统性探索，人类从武器生产的必要性和消除战争的恐惧中解脱出来而成为可能。

技术社会的目标

如果国际社会能够开始逐步实现这些目标——仍然是一个"如果"的假设，因为我们已经把一些问题的解决方案，如应对气候变化和大气污染的时间拖得太迟以至到了危及人类生存的程度——将能够开展一项繁荣文化的计划。应该包括提高全世界的教育水平，以便更广泛地了解技术的力量，同时认识到技术控制和创造性地使用技术的持续需求。还应该包括对未来技术可能性的展望，包括扩大空间探索的前景，这种探索在 20 世纪下半叶发展得如火如荼，但由于国际社会对更紧迫的世界组织问题的关注而被迫"靠后"。到目前为止，探索宇宙的可能性已被军事和

图10.5 地球从月球上升起。这张标志性的照片是阿波罗太空船从绕月轨道出来时拍摄的一系列照片之一，当时看到地球在他们面前升起。（美国国家航空航天局）

其他需求所阻碍，因此，与半个世纪之前的情况相比，实现月球和火星探索方面已经确立的主动行动计划可能需要更长的时间。随着科学和技术稳步推进人类探测宇宙本质的能力，向外太阳系和外太空的无人飞行任务持续带来发现和惊喜。

在对技术和社会之间的关系作了这样一个概略回顾之后，我们应该很清楚地认识到，现代社会受到了技术的深刻影响，而且这种影响还在继续，没有任何减弱的迹象。从授权国家政府通过即时通信和内部处罚手段来控制和维护法律和秩序，到通过减少森林砍伐和沙漠化治理减缓气候变化来影响环境，以及所有中间的过程，包括为人类提供食物、取暖、照明和无处不在的电子设备，技术已经渗透到社会生活的所有过程和社会组织的各个层面，成为生存不可或缺的因素。技术还主导了我们在人口控制和宇宙探索等方面的未来前景，并在战争方面——继续对文明社会的存亡构成威胁。

拓展阅读

Buchanan, RA: *The Power of the Machine,* (Viking Penguin, London, 1992).

Carson, Rachel: *Silent Spring,* (1962, Penguin Modern Classics, 2000).

Clarke, Arthur C: *The Exploration of Space,* (Penguin/Pelican, London, 1958).

Clarke, Arthur C: *Profiles of the Future,* (Pan Books, London, 1958).

Lovelock, James: *Homage to Gaia: The Life of an Independent Scientist,* (Oxford UP, 2000).

Lovelock, James: *The Revenge of Gaia: Why the Earth is Fighting Back – and How We Can Still Save Humanity,* (Allen Lane/ Penguin, 2006).

后记：战争与社会

布伦达·布坎南

　　长期以来，战争一直是历史学家研究的课题，有些人主要对武器和战术感兴趣，有些人则主要关注战争与国家和社会命运的关系。大多数情况下，火力供应被视为一个"既定因素"，是必不可少的，在很大程度上被认为是理所当然的，几乎不值得一提，直到 20 世纪后期发表了关于火药制造的相关研究。这些研究表明，在西方世界，从 14 世纪开始逐渐采用的火药武器是基于机械混合法，虽然看起来很简单，但也是慢慢才能被当代社会所理解，与此相反，从 19 世纪中期开始采用的基于科学的火力，是通过化学炸药实验室和工厂车间工业发展起来的，显示出社会能够更迅速地发展和采用新的战争手段。

　　国际上，约瑟夫·尼德姆在 20 世纪 80 年代发表的学术研究表明，9 世纪中国就已经掌握了火药知识，除此之外，肯尼斯·切斯和彼得·洛格在 21 世纪开始的 10 年发表的历史研究中表明 12—13 世纪人们将这种剧烈的能量用于战争和娱乐。这个扩大研究焦点的意义在于，西方历史学家现在不仅必须考虑到他们自己研究的地理区域内的专业争议，而且还必须考虑到从时间序列上看，西方的火药军队并不早于东方的军队。也许关于西方文明中的军事革命思想的长期争论现在已经结束了，在迈克尔·罗伯茨于 1956 年首次对我们在 1560—1660 年的战争和国家管理的理解进行修正之后，20 世纪下半叶引起了很多学者的关注。此后，其他人接受了这一结果，但对时间顺序提出质疑，认为 1660 年之后军事创新更为重要。这些修正表明，需要一个更全面的背景和年表来看待"军事革命"一词所隐含的战争变化，并纳入特别是 19 世纪下半叶争议较少但同样具有戏剧性和深远意义的发展。

鉴于这些考虑，可以说，西方军事技能的发展是在漫长时间逐渐发生的，但在两次技术革新中，武装部队可以获得新的武器，从而加速了军事技能的发展，产生了巨大的影响。第一次是在 14 — 15 世纪，引入了火药武器；第二次是在 19 世纪中期，烈性炸药和机械化开始应用在战争中。这两次的发展都与民族国家的发展和军队的规模有关，在资金、征募和后勤方面对社会产生了影响。

如上所述，火药知识以及由此逐渐导致的战争的根本性和强有力的变化，不是来自西方文明的中世纪社会，而是来自中国官吏，他们鼓励实验研究，作为对最终无法实现的长生不老药的追寻的一部分。随着道家炼金术士在简单的实验室中收集、提炼和实验各种成分，在 9 世纪，火药的三种主要成分——硝石、硫黄和木炭——被混合在一起并燃烧爆炸只是时间问题。结果令人惊讶，最初用于宫廷娱乐的火、烟和爆炸声，随着炸弹、枪支和火箭的发射和爆炸，成为战争的股肱之臣。这些知识在 12 世纪和 13 世纪作为中国学术传播的一部分被带到了西方，也许是沿着后来被称为丝绸之路的路线逐步传播的。至少在 13 世纪中叶，火药知识已经传到了巴黎，当时牛津大学的罗杰·培根成为第一个记录了爆竹爆炸时的闪光和如雷鸣般的轰鸣声的西方学者，他表达了对未来可能发生的"更大的恐怖"的担忧。伯特·S. 霍尔在 1999 年为 J.R. 帕廷顿 1960 年的研究报告所撰写的序言中谨慎地提到了培根的著作，尽管对火药知识有所担忧，但火药还是逐渐为人所知。

随着时间的推移，火药在西方的应用对战争和社会都产生了深远的影响。火药的成分很简单，但熟练的实验者寻求能够产生"最佳"预期效果的混合物的准备和组合。冶金学家的技能被用于设计高效的手枪和火炮。工程师的技能逐渐受到重视，为了更好地防御新的火药制造的武器，特别是重炮，城堡和其他防御工事的设计发生了根本性的变化。这些发展包括建造凸出的塔楼和倾斜的堡垒，旨在使用交叉火力，意大利城邦在 15 世纪末和 16 世纪初采用了这一系统，因此被称为"意大利要塞风格"（也就是棱堡）。尽管火药在采石、工程、采矿和贸易中的应用较晚，火药对社会的影响也是深远的，在本书简短的研究中无法探讨。从 15 世纪中叶开始，火药就被军事工程师用来破坏防御工事、平整地面和加深河床，但直到 17 世纪初，火药才被成功地用于中欧的银矿、铅矿和铜矿的爆破。一个世纪后，火药被用于英国的煤矿的爆破，例如，用于下沉竖井。16 世纪 70 年代，在意大利北部的斯基奥，在属于威尼斯州的一个地点，一次失败的尝试可能导致了黑火药的提前引入，因为当时的国家文件提到黑火药被用来炸碎岩石以确定其含银矿石品质。其他的调查也随之而来，根据文件证据，也许在孚日山脉的勒蒂洛特区的铜矿调查最为成功，该铜矿自 1617 年起工作了两个世纪，但在施米尼茨（当时在匈牙利）第一次成功引进爆破的是有名的采矿工程师卡斯帕·温德尔。也许正是这些专家的技术缓和了军事工程师的做法，实现对火药更有控制的使用，从而促进了火药军事用途之外的民事用途。

就军事用途而言，火药武器对社会秩序的影响是非常大的，而且起初社会上在谁应该负责管理和使用这种新的武力方面出现了一些混乱。沃尔特·德·米勒梅特 1326—1327 年编撰的《关于国王的威严、智慧和审慎》手稿中的插图为我们提供了欧洲第一幅大炮的图片，其中的梨形或花瓶形与 1300 年左右的一幅中国插图神奇的相似。

图 10.6 所示的米勒梅特的插图也同时说明了战争武器这种重大创新给既定社会秩序带来的困难。图中显示的是身穿宽松外套的盔甲骑士，而不是低级别的士兵，其中一人发射了一门侧放在简

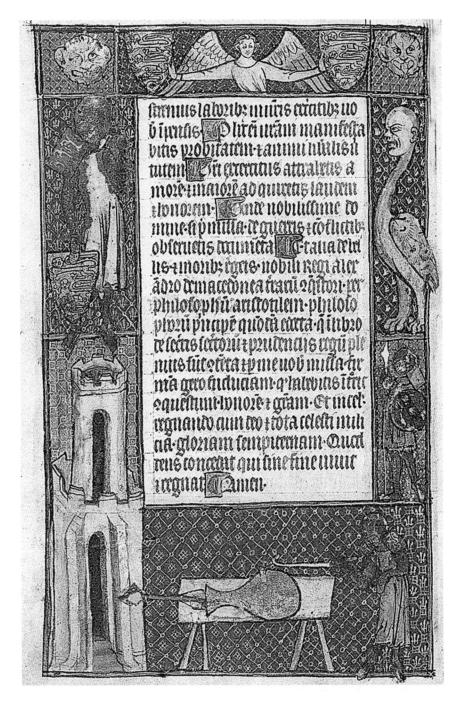

图10.6 沃尔特·德·米勒梅特的 14 世纪手稿为我们提供了第一幅大炮的图片（见正文）。（图片来源：牛津基督教堂图书馆，西方手稿集，92 页。这张图片来自 1326—1327 年的《关于国王的威严、智慧和审慎》，经牛津基督教堂管理机构许可复制）

易长凳上的花瓶形大炮，炮口处有一支即将飞出的箭瞄准了一座石堡。1460 年，苏格兰国王詹姆斯二世因站得离大炮太近，导致大炮发射时被炸死，这表明有些人在大炮的危险性问题上既不明智也不谨慎。随着炮兵专业技能的发展，以及步兵装备了便携式手枪，军队中出现了不同的独立技能，使得军官们能够保留他们的传统地位，在马背上居高临下挥舞利剑。

确保火药的三种基本成分的充分供应，对于在西方使用这种新型武器的战争至关重要。所有的火药生产的原材料都是首先从国内现有的资源中生产，特别是硝石（硝酸钾）的获取导致了民众强烈的不满，因为它来自"黑土"，即从动物和人类的粪便中收集的含氮废物。硫黄可以通过化学工艺生产，特别是焙烧黄铁矿，但随着地中海贸易的发展，硫黄更容易从意大利和西西里岛的火山源中获得。木炭很容易从林地中取得，但需要仔细选择最好的木材，并正确地将木材炭化，尽可能地排除空气。随着土木工程、采矿和贸易（例如通过易货贸易"购买"奴隶）以及军事用途对火药的需求不断增加，找到火药的主要成分硝石的新来源就变得愈加重要。

寻找硝石在政治上和军事上都产生了重大影响。硝石工的采集方式引起了社会的强烈不满，因此偏向与印度进行硝石贸易。17 世纪中期，英国东印度公司最初的试错阶段即将结束；从 18 世纪初开始，越来越多的初加工的硝石被运往英国，在英国被进一步提炼成高级商品。尽管其他几个西欧国家也陆续成立了自己的综合贸易公司，但从 18 世纪中期开始，硝石贸易主要掌握在英国东印度公司手中，使英国获得了重要的政治和军事优势。与印度一样，从西西里岛获得硫磺的供应增加了英国对这一地区的战略兴趣。英国国内继续保障木炭的供应，但为了维持供应，特别是备受关注的赤杨和欧鼠李木，有时会在火药厂周围建立种植园，砍伐种植培养的树木以维持供应。

当硝石、硫黄、木炭按照正确的比例放在一起时（比例因时间和地点而异，但就军事用途而言，一般包括 75% 的硝石、10% 的硫黄和 15% 的木炭），不是经过化学组合，而是经过强力的机械混合，使用强大的下降冲压或重型轮碾机。这种机械混合必须充分彻底混合，以至于当湿润的混合物被筛分成颗粒时，每一颗颗粒都包含正确比例的所有成分。经过一些改进，这种相对简单的工艺为英国的军队和海军提供了足够的火力，直到 19 世纪中期开始发展的基于化学的高低炸药、推进剂和雷管的步枪和后膛重炮。

出于安全考虑，欧洲各国政府竭力遏制私人和合伙企业生产火药，同时重视他们在必要时供应军事补给和发展有利可图的贸易方面的重要作用。尽管有些国家，如葡萄牙国家当局，已经建立了早期的生产垄断，于 1725 年在里斯本郊外建立了巴雷纳皇家火药厂，英国政府却继续依赖私人生产商，直到 1787 年收购了沃尔瑟姆修道院火药厂。这些火药工厂位于泰晤士河的一条支流利亚河上，利亚河为伦敦提供了便利的交通和源源不断的水力，19 世纪中期，"皇家"工厂开始使用蒸汽动力。火药生产仍

图 10.7　作者的"火药礼炮"，在一辆战地马车上发射约 1650 年的旧式小炮（猎鹰）的复制品，这是老瓦杜尔城堡驻军的财产。如果以"最随机"的方式射击，其有效射程可以从 460 米增加到约 1650 米。（布拉格的卡雷尔·泽塔默尔博士供图，W. 柯蒂斯先生提供的关于猎鹰的信息）

在继续，但从 19 世纪 60 年代起，这里开始生产以纤维素为基础的化学推进剂、枪棉药和无烟火药，所生产的其中一些火药被专门用作无烟炸药的点火器或引信，后来成为英国的主要推进剂。其他专门的产品是用于重型火炮的弹丸、石头和棱柱形火药。随着对研究的日益重视，沃尔瑟姆修道院研究基地在第二次世界大战后继续作为非核爆炸物和推进剂的主要研究中心，在 1991 年国防部最终关闭该厂时停止运作。

火药在新式武器方面的广泛应用与有能力组建和维持大型军队的民族国家的崛起关系密切，在 15—19 世纪为世界格局带来了新的变化。这是一场相对"慢热"的革命，与高度工业化社会对新型烈性炸药和机械资源的利用相比，后者产生了 19 世纪中叶"军事革命"的第二次"阶跃性变化"。化学家们发现了硝化纤维和硝化甘油的爆炸特性后，一系列比火药威力大得多的炸药应运而生，这些炸药迅速被用于小型武器，它们的优点是比火药产生的烟雾少，射程更远。威力更大、更强的枪支被制造出来，用来发射具有强大穿透力和破坏力的子弹。新型炸药也被用于手榴弹、炸弹和火箭。总的来说，新型炸药改变了军事和海军战术，以及第一次世界大战结束前的几十年里武装冲突所造成的破坏规模。

由于新型烈性炸药的引入与工业社会机械化程度的提高一致，战争本身也呈现高度机械化的特点，机枪、坦克、摩托化步兵、飞机、无线电和电信都被引入了现代军事战斗的军械库。帆船转变为蒸汽推进的铁甲舰，为新型炸药提供了另一个应用平台，高能炮发射的炮弹比传统大炮具有更大的穿透力。现代科学还制造出了毒气和生化武器——尽管这些都被国际当局禁止了。然而，这种禁令从来都是没有威慑力的，这些武器构成的威胁，以及使用核武器所带来的巨大威胁，给国际社会带来了最大的挑战——按下几个按钮就能实现地区甚至全球的即时和彻底的毁灭。

这种大规模的战争威胁表明漫长的军事革命进程到达最终阶段，并已成为社会生存面临的最大挑战，持续遏制和防止恐怖行为的任务是对所有国际政府的进一步要求。

拓展阅读

Black, Jeremy: *European Warfare 1660–1815,* (Yale University Press, 1994).

Buchanan, Brenda J, ed.: *Gunpowder: The History of an International Technology,* (Bath University Press, 1996, reprinted 2006).

Buchanan, Brenda J: 'The Art and Mystery of Making Gunpowder: The English Experience in the Seventeenth and Eighteenth Centuries' in Brett D Steele and Tamera Dorland, eds., *The Heirs of Archimedes. Science and the Art of War through the Age of Enlightenment,* (The MIT Press, Cambridge Mass., 2005), pp. 233–274.

Buchanan, Brenda J: 'Saltpetre: A Commodity of Empire' in Brenda J Buchanan ed., *Gunpowder, Explosives and the State: A Technological History,* (Ashgate, Aldershot, 2006), pp.67–90.

Chase, Kenneth: *Firearms: A Global History to 1700,* (Cambridge University Press, 2003).

Cocroft, Wayne D: *Dangerous Energy. The Archaeology of Gunpowder and Military Explosives Manufacture*, (English Heritage at the National Monuments Record Centre, 2000).

Hall, Bert S: *A New Introduction to J R Partington's History of Greek Fire and Gunpowder* 1960, (The John Hopkins University Press, 1999).

Lorge, Peter A: *The Asian Military Revolution. From Gunpowder to the Bomb,* (Cambridge University Press, 2008).

Needham, Joseph et al: Science and Civilisation in China. Vol. 5,

Part 7, *Chemistry and Chemical Technology: Military Technology, The Gunpowder Epic,* (Cambridge University Press, 1986).

Parker, Geoffrey: *The Military Revolution: Military Innovation and the Rise of the West, 1500–1800,* (Cambridge University Press, 1988).

Parker, Geoffrey: *The Cambridge History of Warfare,* (Cambridge University Press, rev.ed. 2008).

Roberts, Michael: *The Military Revolution 1560–1660,* (University of Belfast, 1956).

第 11 章

技术前景

大卫·阿什福德

技术的发展是无法预测的。历史上有许多发明被认为是即将实现，但实际上它们却从未发生。反之，一些令人吃惊的新发展，例如，计算机的发明者，或科幻作家，或其他任何与此相关的人，是否预测到互联网、垃圾邮件、黑客、病毒或网络战争？

尽管困难重重，本章还是考虑了两个值得认真对待的未来发展。第一个与航天航空有关，可以比较肯定地预测航天航空领域即将发生一场革命。第二种，更长期和更多的猜测，正开始被认真对待，而且有可能无比重要，值得考虑一些可能性。这涉及医学和计算机的结合发展之后对我们的生活带来了天翻地覆的影响。

从航天开始，这场即将到来的革命可被可靠地预测，因为阻碍其发生的不是技术、市场、经济或政治，而是思维观念；现在由私营部门领导有足够的工作正在进行，足以颠覆束缚发展的思维观念。目前，主要的参与者，大型政府航天局及其承包商，并不想知道。这是一个令人难以置信的局面，在这种情况下，一个非常理想的值得期待的发展不是被阴谋（公开的或隐蔽的）掣肘，而是被企业的群体思维压制。现在最具竞争力的发展方向在20 世纪 60 年代被大多数人认为是可行的。

这场革命涉及用航天飞机（太空飞机）取代今天的一次性发射器，这些发射器是基于 20 世纪 60 年代深入研究的设计，但使用的是最新的（不是先进的）技术。这些发射器大大降低了成本，提高了安全性，并可以安全飞往太空轨道（近地轨道，以下称轨道）。

航天飞行的高成本和高风险的主要原因是，迄今为止，运载火箭使用的是基于弹道导弹技术的部件，只能飞一次。想象一下，如果汽车在每次旅行后都要报废，那么汽车的使用成本会有多高？这场革命涉及用可以多次飞行的航天飞机取代类似导弹的一次性发射器。

　　图 11.1 展示了一个典型的一次性发射器，阿丽亚娜 5 号（图 11.1a）和航天飞机（图 11.1b）。阿丽亚娜 5 号是一次性的

图11.1a和图11.1b
阿丽亚娜 5 号和
航天飞机。（欧
洲航天局和美
国航天局）

11.1b

消耗品，每次发射后，各部位要么坠入大海，要么在重新进入大气层时烧毁。航天飞机就像飞机一样，可重复使用。最大的部件是外部燃料箱，它在再入大气层时烧毁了。两个固体火箭助推器在海上通过降落伞被回收，然后被送回工厂，其中一些部件被翻新后再次使用。从成本和安全的角度来看，它们比一次性的消耗品好不了多少。

　　阿丽亚娜 5 号和航天飞机将航天器送入轨道。这需要从大气层爬升到宇宙空间高度，然后水平加速到卫星速度，这大约是 7.8 千米 / 秒或在 90 分钟内绕地球一圈。加速到卫星速度需要大部分的能量，而仅仅爬升到空间高度需要的能量要少得多。如图 11.2 所示，所谓的亚轨道飞行——在太空中只需几分钟就能上升和下降到太空高度——需要的最大速度约为 1 千米 / 秒。

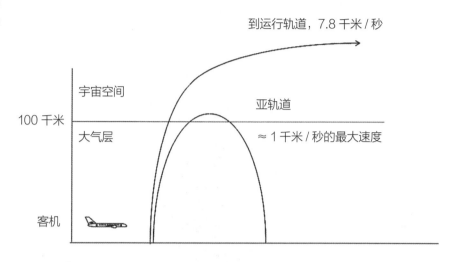

图 11.2 轨道和亚轨道发射轨迹。（布里斯托尔航天飞机）

飞行路线（轨迹）

大气层和宇宙空间没有明确的界限，但宇宙空间高度通常被定义为 100 千米。一次性亚轨道火箭被称为探空火箭，多年来一直被用于各种科学研究。探空火箭比轨道发射火箭小得多，成本也低，但只能在太空中飞行几分钟。正如后面将讨论的那样，两架完全可重复使用的亚轨道航天飞机已经能够实现亚轨道飞行，并且正在开发新的航天飞机，为乘客提供亚轨道空间飞行体验的服务。这些将是通往轨道航天飞机的基石。

这种持续使用一次性发射器的情况是如何产生的？答案就在航天飞行的历史中。第一个航天飞行器是第二次世界大战时德国的 V-2 弹道导弹，它在 1942 年首次到达太空高度（见图 11.3）。V-2 是一种亚轨道飞行器，在重新进入大气层投掷弹头之前在太空中停留的时间很短。它采用的是目前的经典配置，有效载荷是一个位于前部的高爆炸性的弹头。发射器内部的大部分空间都装满了火箭推进剂，液态氧作为氧化剂，酒精用水稀释后作为燃料。火箭发动机在底部，是氧化剂和燃料反应的地方，在高压下产生高温气体，然后通过喷嘴高速喷出，产生推力。

在第二次世界大战的最后一年，发射了 3000 多枚 V-2 导弹，主要针对安特卫普和伦敦。从技术上讲，这是一种出色的武器，但由于可靠性和准确性不高，它并不是非常有效。它唯一有机会击中的目标是大城市，即使在大城市，它也无法损坏许多建筑物。

它的任务的性质意味着 V-2 弹道导弹是一次性的，尽管设计了一个可重复使用的轰炸机版本，所配备的机翼用于降落。然而，战争在这个版本被制造出来之前结束了。

V-2 导弹领先其他竞争者多年，并形成了第二次世界大战后美国和苏联弹道导弹发展的基础。他们的目标是通过将更精确的制导系统与核弹头相结合来克服 V-2 导弹的缺陷。美国第一种本土弹道导弹——红石——实际上是一种重新设计和扩大版的 V-2 导弹。它的设计团队由被招募到美国工作的德国人领导，其中最著名的是沃纳·冯·布劳恩，他曾是 V-2 导弹的主要推动者。

图 11.3 第二次世界大战时德国 V-2 弹道导弹。（德国博物馆）

弹道导弹可以飞向太空，自然而然地用它来发射第一批卫星。1958 年，"红石号"是在四级运载火箭"朱诺 1 号"的基础上研发的，"朱诺 1 号"是美国第一个将人造卫星送入轨道的飞行器。这是对有史以来第一颗卫星——1957 年苏联发射的人造卫星——的快速反应。1961 年，红石公司将首位美国人艾伦·谢泼德送入太空，这也是对苏联当年早些时候将尤里·加加林送入太空的回应。实际上这两项成就之间有很大的区别——谢泼德是亚轨道飞行，而加加林是全轨道飞行。冷战期间，在太空中取得的成就成为苏联和美国之间宣传战的关键部分。

将人类送入轨道后的下一个目标是登月竞赛。1961 年 5 月，在加加林飞往太空的六个星期后，美国肯尼迪总统的著名演讲拉开了登月竞赛的序幕，他激励全国人民说：

"如果我们要赢得全世界正在进行的自由与暴政之间的战斗，如果我们要赢得人类的思想的战斗……我相信，这个国家应该致力于在十年之内实现让人类登陆月球并将其安全带回地球的目标。"

引文中的第一句话显示出这些目标的政治意味。肯尼迪对击败苏联的兴趣远远大于探索太空本身。阿波罗计划取得了辉煌的成功：1969—1972 年，共有 12 人登上了月球并全部安全返回，苏联则功败垂成。西方赢得了冷战，其中阿波罗计划发挥了它的重要作用。

为了在登月竞赛中节省时间，强大的土星系列大型新型发射装置是一次性的。冯·布劳恩早先提出了一种可重复使用的大型运载工具，基于 1945 年两枚带翼飞行的 V-2 导弹试验性火箭的经验，但没有足够的时间来开发这些火箭，也没有合理的把握确保在苏联人之前实现登月。

图 11.4 X-15（图 11.4a）和太空船 1 号（图 11.4b）（SS1）——唯一飞行过的亚轨道航天飞机。（美国航天局和缩尺复合材料公司）

在开发更大和性能更强的卫星发射器的同时，美国率先开发了一系列以火箭为动力的高速研究飞机。1947 年，贝尔 X-1 成为第一架超音速（1 马赫）的有人驾驶飞机；1953 年，道格拉斯天空火箭达到 2 马赫；1956 年，贝尔 X-3 达到 3 马赫。这一系列中的最后一架是北美航空公司的 X-15（见图 11.4），在 1959 年进行了首飞，1968 年最后一次飞行。X-15 的设计是为

11.4a

11.4b

了探索高超音速飞行，它最终达到了 6.7 马赫。更重要的是，它还通过使用火箭驱动飞机而不是一次性的改装弹道导弹，将航空方法引入航天飞行。X-15 研发团队中的许多人都是受日常廉价太空运输的前景驱动。X-15 可以达到太空高度，是第一架真正的亚轨道航天飞机。它本来可以用作次级卫星发射器，但出于安全性和经济性的考量，可行的建议被否决。除了进行昂贵的航空研究外，X-15 还作为可重复使用的探空火箭开展了一些空间科学实验。

在我们的故事中，缩尺复合材料公司的太空船 1 号（SS1），如图 11.4 所示，是第二架达到太空高度的飞机。2004 年，太空船 1 号实现了这一壮举，距离 X-15 最后一次飞向太空已经过去了 36 年。这一发展中断表明对降低进入太空的成本缺乏重视。

在阿波罗发展的同时，部分受到 X-15 的启发，欧洲和美国的大多数大型飞机公司提出了可重复使用的发射器的建议，这种发射器可以飞行到轨道上，现在被称为轨道航天飞机。例如，1967 年在加利福尼亚州帕洛阿尔托举行的汽车工程师协会（SAE）空间技术会议上，我参与了会议，会上提出了不少于 15 个关于可重复使用运载火箭的建议。

其中有 8 项设计是由欧洲公司准备的，作为所谓的"航空航天运输"项目的一部分，其中一些设计如图 11.5 所示。该项目由欧洲工业空间研究组织在欧根·桑格教授的指导协调下完成，桑格教授曾在第二次世界大战中设计过一种以火箭为动力的亚轨道轰炸机，他完全可以被称为航天飞机之父。这些航天飞机设计得都比较小，进入轨道的有效载荷只有 1 ～ 2 吨。美国的大多数设计都相当大。作者的第一份工作是霍克·西德利航空公司（HSA）的设计师。

当时有一个共识，即可重复使用的发射器显然是太空运输下一步的发展方向。每次发射都要消耗一个完整的运载工具，这显然是不经济的。人们还一致认为，以当时的技术，这种运载工具是可行的。亚轨道的 X-15 表明，轨道航天飞机的技术问题即将得到解决。

在只有少数反对者的情况下，人们对基本的设计要点有了进一步的共识，这些 20 世纪 60 年代的项目（以及所有欧洲的项目）都有以下共同点。

● 两级发射器，一个助推器和一个轨道器，这样就可以使用当时的技术。

● 使用最近开发的氢燃料的火箭，能显著提高性能。

● 机翼为着陆提供升力，它比旋翼、垂直喷气机、垂直火箭或降落伞更安全、更实用。

● 飞行员，比自动驾驶或远程控制更安全。

令人难以置信的是，就降低发射成本而言，这些项目中的任何一个都比此后建造的任何发射器，甚至是由主要参与者提议的其他设计都要好得多。正如后面将讨论的那样，这套设计要点迄今仍是最具竞争力的。

当时关于航天飞机设计的最大未知是机翼在重返地球大气层时的稳定性和受热的影响，以及如何保护结构不受重返大气层时高热的影响。此后，航天飞机为解决这些问题提供了全面的示范，自航天飞机设计以来，这些技术连同其他技术都有了重大进展。所有的轨道航天飞机的技术现在都已在飞行中得到验证。

20 世纪 60 年代的这些航天飞机项目大多是为发射卫星和向空间站运送人员和物资而设计的。然而，它们也可以用于搭载乘客进行长途飞行或用于太空旅游。如果一架航天飞机加速到刚好低于卫星速度，那么它就可以绕地球滑翔半周。例如，从欧洲到澳大利亚的飞行时间将是大约 75 分钟。当时，太空旅游几乎没有被认真考虑过，而快速远程运输受到了更多的关注。一些设计师认为，这将是迄今为止航天飞机最大的市场，由此产生的规

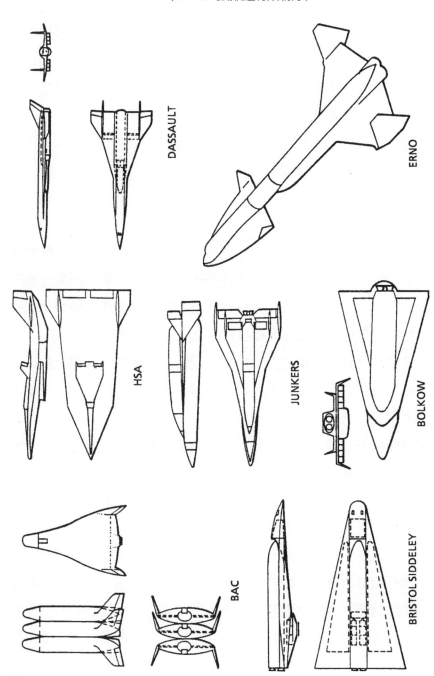

1966 年前后的欧洲航空航天运输项目
（1～2 吨低轨道有效载荷）

DASSAULT

ERNO

HSA

JUNKERS

BOLKOW

BAC

BRISTOL SIDDELEY

图 11.5　20 世纪 60 年代中期的欧洲航空航天运输（航天飞机）项目。（布里斯托尔航天飞机）

模经济效应将把每个座位的成本降低到只比传统客机的票价高几倍。这就提出了一个由几十架航天飞机组成的机队每天进行数次飞行的前景，进而导致类似航空公司的运营。其结果将是用航空来取代导弹方式的太空运输。这些研究首次提出当大量使用航天飞机时的低成本潜力。这方面最早的研究报告之一是沃尔特·多恩伯格的《火箭推进的商业客机》，发表于 1956 年。这是在第一颗卫星发射的前一年。此前，作为德国陆军的一名少将，多恩伯格曾领导过 V-2 导弹项目。

当时的设计师们普遍接受这种观点，认为这是一个有趣的长期前景，而不是当务之急。如果在 20 世纪 60 年代建造了一架用于发射卫星的航天飞机，它无疑会被用于实验性的远程运输和开创性的太空旅游——载着乘客往返于太空旅馆，旅馆配备了展示地球和外太空美景的设备并装有大型零重力健身房。如果这两种用途中的任何一种被证明有很大的市场，很可能在 20 世纪 70 年代末就已经开始定期的商业运营。现在，大多数人认为，航天飞机的第一个大市场更可能是太空旅游。人们愿意为一次千载难逢的太空之行支付比欧洲到澳大利亚的快速飞行更高的费用，因而可以使用不太经济的飞行器。因此，与快速远程运输相比，太空旅游可以使用不太先进的运载工具。

改进的一次性发射装置、性能更好的火箭动力研究飞机和航天飞机研究，这三方面的发展在阿波罗计划之后的下一个重大项目中汇集在一起，即航天飞机。当航天飞机的设计在 20 世纪 70 年代开始时，早期的经验是完全可借鉴的，包括 X-15 的经验和 20 世纪 60 年代的大量航天飞机研究。该项目的前途一片光明，以至于人们对太空的未来非常乐观。杰拉德·奥尼尔甚至提出在轨道上建立太空殖民地，使用来自月球和小行星的材料，这些想法得到了广泛宣传。这是在 1968 年的电影《2001 年：太空漫游》上映之后不久，公众普遍对此非常乐观。

航天飞机的早期设计非常大，有 30 吨的有效载荷以满足美国国防部的要求。后来，理查德·尼克松总统削减了美国国家航空航天局的预算，由于负担不起大型的完全可重复使用的设计。于是美国国家航空航天局面临着一个选择，要么按照早期项目（特别是欧洲航空航天运输项目），把飞行器做得小得多，但仍可完全重复使用；要么放弃完全重复使用的想法。消费习惯在当时已经强大到让美国国家航空航天局犯了一个巨大的错误，即选择了后者。

就每吨有效载荷的成本而言，航天飞机的飞行成本与之前的"土星号"一样高。这使得开发低成本太空运输的几个很有前景的计划付之东流，尽管过了几年，航天飞机的局限性才被广泛认知。例如，奥尼尔的太空殖民地计划，可能只是在最初计划的可重复使用的航天飞机上才能负担得起，使用一次性的航天飞机就没有实现的可能。在做出航天飞机的选择决定时，美国国家航空航天局似乎没有意识到一次性和可重复使用的设计之间的深刻区别。前者从根本上不适合大型常规市场；后者可以被开发出服务于前者，就像飞机为航空运输市场服务一样。

尽管如此，1981—2011 年的三十年间，航天飞机一直是美国载人航天计划的支柱，做了许多有用的工作。然而，选择一次性运载飞行器的决定，将低成本进入太空的时间推迟了 30 年，而且该影响还在继续。这段历史造就了反复强化消耗性的制度与习惯。错过了引入航空文化以取代导弹文化的大好机会。即使在今天，大多数航天机构仍在推广新型的一次性发射器。

目前的空间计划在多大程度上折射出 20 世纪 60 年代太空飞机研究的影子？尽管美国国家航空航天局和英国航天局正在资助一些私营部门的项目，但没有一个航天机构对航天飞机表现出很大的兴趣。美国国家航空航天局关于太空运输的主要关注点是找到建造一个非常大的新型一次性发射器 SLS（太空发射系统）所需的预算，该发射器在被开发出来后，将比 20 世纪 60 年代强大的"土星号"还要大。

美国国家航空航天局和其他空间机构似乎没有理由不认真考虑航天飞机的前景。前文提到的根深蒂固的思维习惯是一种解释。第二个解释是，在航天和航空业之间已经形成了文化鸿沟。20 世纪 60 年代欧洲和美国的所有航天飞机项目都是由飞机设计团队完成的，也许有一些具有发射器或重返大气层飞行器经验的工程师的参与，但这些团队都被解散了。如今，真正懂得发射装置同时也懂得飞机设计的设计师寥寥无几，反之亦然。这里描述的大部分情况涉及将客机概念设计的技术应用于运载火箭，但这种方法在几十年前就已经过时了，因为大型航空航天公司不再研究航天飞机。我猜想，当今大多数飞机公司的设计团队，如果受命制定一项战略，尽快以可承受的成本实现新的太空时代，他们都将会得出与本章类似的结论。

第三种解释可能是，引入航天飞机涉及我们对航天概念的整个颠覆，而大型垄断性政府机构通常不会是激进变革的推进者。三种航天飞机的重大变革将或多或少地同时发生。首先，从导弹发射器转变为飞机发射器，以及随之而来的文化变化。其次，政府角色的变化，从带头到支持和监管私营部门。最后，市场的变化，由大型的新商业活动主导，特别是旅游业。

无论何种解释，如果合理的进步被压制的时间足够长，改革就会随之而来。只要思维方式和心态改变，进步就会很快。

那么，未来的道路是什么？理查德·布兰森的维珍银河公司目前在开发的商业航天飞机方面处于市场领先地位。他们应该能够在三年内搭载第一位付费乘客。选择的航天飞行器是"太空船2 号"（SS2），它是"太空船 1 号"的扩大和改进版。其他几家公司正在研究用于载客的亚轨道航天飞机，还有一些公司正在开发其他"新太空"项目，如用于空间站和开采小行星的充气结构。这些公司中的大多数位于美国。

一些公司可能最终会在载人太空旅行（太空的短暂飞行）中取得商业成功，这是可能发生的。技术的未来是可以实现的，而且公众对太空飞行有很大的兴趣。随着规模经济的发展，技术的成熟和竞争的加剧，票价将从目前的10万～20万美元降至几千美元。届时至少会有几十架亚轨道航天飞机投入使用，每架飞机每天都会有几次太空飞行。航天飞机相对于导弹的优势将是显而易见的，而全轨道太空飞机的发展将变得无可争辩。这些公司中的一个或多个可能会提出这种飞行器，而政府的航天局可能会提供支持。这样看来，似乎有可能克服导弹思维，并在10～20年内开始开发第一架轨道航天飞机。这将迅速开启一个新的太空时代，大大扩展空间科学和探索，而游客参观太空旅馆将成为最大的商业用途。

如果现在就开始规划，航天飞机的发展进程将大大加快。第一架轨道航天飞机的主要特征可以从一个简单的逻辑中得出。

为了尽快进入新的太空时代，我们需要尽可能地利用现有技术。这需要使用两级飞行器，类似于用于延长军用飞机航程的飞行中加油的做法。这种飞行器增加了任务的复杂性，但能用现有技术实现。使用现有发动机的单级飞行器飞往轨道所需的燃料量，以起飞重量的一部分来衡量（约87%），大致相当于一架飞机不停地绕地球飞行一周半所需的燃料量。目前的记录是由维珍银河"旅行者号"保持的，并且只有一次。在不进行飞行加油的情况下绕地球一周半，要么需要非常先进的技术，要么需要使用两级飞行器——一架大型飞机在部分路程上搭载一架专门的超远程飞机。这个类比解释了为什么用现有技术飞往轨道需要两级。下一级将上一级推进到一个速度，并确保其携带足够的燃料分量进入轨道，并且两级要在这个速度下分离。

从长远来看，单级火箭显然更好，但这需要非常先进的新引擎。

一架能够飞向轨道的客机将通过低廉的成本和更高的安全性而彻底改变太空飞行。首架这样的飞行器的基本设计特征可以从一个简单的设计逻辑中得出。最重要的设计要求是大大提高安全性。迄今为止，载人航天已经达到了百分之一的致命事故的安全水平。想象一下，乘坐有这样的安全记录的航空公司吧！对于一次性发射装置来说这么糟糕的安全性几乎是不可避免的。相比之下，定期航班的百万分之一的事故率，使航天飞行的安全性能得到更好的保障。

为了达到所需的安全性，第一架轨道客机应该尽可能地像今天的客机，因为这些客机是迄今发明的最安全的飞行器。因此，它应该是由人驾驶的，有用来起降的机翼和跑道。

因此，新太空时代的航天飞机将被设计的"又快又安全"。它将是有人驾驶飞机，有用于常规起飞和降落的机翼，并将有两级发射器。如前所述，20 世纪 60 年代的许多可重复使用的发射器设计正是具有这些设计特征。因此，将彻底改变太空飞行的航天飞机将与 20 世纪 70 年代的设计建造相似。

第一架轨道航天飞机只用经检验的技术就可以建造。即便如此，这仍将是一个雄心勃勃的项目，有一个不太难的小的强有力的项目支撑。这个小的项目可以仅限亚轨道，但将保留有人驾驶和有用于起飞和降落的机翼的基本特征。也许最令人惊讶的是，这个先导项目的最佳示范飞行器实际上是于 1957 年首次飞行的桑德斯·罗设计建造的 SR.53 火箭战斗机（图 11.6）！当作为战斗机卸任时，桑德斯·罗提议将 SR.53 为进行太空研究而改装，从"勇敢号"轰炸机上空中发射，并在亚轨道飞行。这个提议确实引起了设计工程师们相当大的兴趣，但还不足以使其成为现实。

猜想一下，如果 SR.53 作为战斗机投入战争会发生什么？在几年内，可能就会有一架可靠而成熟的能飞行于亚轨道的航天飞机。衍生出双座的航天飞机，亚轨道太空旅游在 20 世纪 60 年

图 11.6　1957 年首飞的桑德斯·罗设计建造的 SR.53 火箭战斗机。（吉凯恩航空航天公司）

代就能够开始。这将自然而然地成为当时正在研究的轨道航天飞机项目之一，而我们现在将顺利进入新的太空时代。

这个传奇故事无疑是一个精彩的例子，告诉我们可以而且应该从技术的历史中学习。

在讨论重新设计规划人类发展前景之前，让我们对提出的新技术发展做"理性检查"。

首先，任何现实的预测都应该符合自然规律。换句话说，一个好的假设，存在的一切都是由遵循自然规律的物质和能量组成的。然而，我们应该清楚地明白，对这些规律的理解会随着时间的推移而改变。例如，如果一个发明家提出了一个可以超光速飞行的宇宙飞船，肯定立即就会有人反对，说这是违反相对论的。然后发明者可能会指出，所有支持这一理论的实验证据涉及的粒子或物体都不是自动的，因为它们的运动取决于来自其他物体的各种力，而他的发明确实是自动的。因此，至少他的超光速飞行的宇宙飞船在理论上是可能的。

同样，如果一个发明家提议一个似乎打破了热力学第二定律的设备，他必须给出一个合理的理由，解释我们对该定律的理解可能会改变。在这个检验中，时间旅行的可能性似乎被排除了。

第二个检验标准是，发明者应该能够对困难的问题至少给出一个临时的答案。例如，提议在普通道路上使用无人驾驶汽车的人，应该能够说明其传感器如何能够可靠地区分儿童和狗，因为大多数人类司机会冒更大的风险来避开儿童。

一项发明要想获得成功，还需要通过更多的检验，即能够满足需求、价格适中，而且能够被制成安全、可靠和实用的产品。

一个理想的检验是，在开发有关装置方面不应该有压倒性的道德或政治方面的反对意见。例如，人们对核武器有强烈的反对意见，但在拥有核武器的国家，可能大多数人认为安全方面的利益超过了这些反对意见。

一个在逐步的渐进式的进步中出现的发明，通常比依靠突破性进展的发明更有说服力。

一个错误的说法是，如果一个装置难以想象，它就不会实现。许多曾经被认为是无法想象的发展进步已经发生了。例如，如果你能够乘坐时光机回到过去，试图向恺撒大帝解释现代科技，你或许能让他知道我们现在的机械设备是如何工作的，甚至可以开始解释电子设备，但你根本没办法解释互联网、手机或基因疗法。正如阿瑟·C.克拉克在1973年修订的《未来概况》中所说："任何足够先进的技术都与魔法无异！"

综上所述，工程史上一个很好的通则是，如果某件事情可以做，而且有理由去做，那么它最终会实现。

那么，这些实验如何影响利用计算机和医学的发展来重新规划设计人类前景的？我们的基本工作假设是，存在的一切都是由遵循自然规律的物质和能量组成的。根据这个假设，人类的身体、思想和灵魂原则上都可以用科学和工程术语来解释。即使是我们最强烈的情感也必须对应于我们大脑中细胞活动的特定模式。我们"只需"找出形成人类的物质构件的模式。

换句话说，找出我们的工作方式是一个逆向工程的问题。当一个工程师想创造一个新产品时，他/她会从一个想法或需求开始。这个想法或需求被设计加工成图纸和计划书，设计被分析，原型被制造和测试，直到设备完成并投入生产。在逆向工程中，工程师会先看到成品，然后再根据图纸和计划书进行设计生产。如果需要，该设备就可以投入生产了。逆向工程被工业间谍用来找出优异的对手产品是如何工作的，以及在战时追赶敌人的比自己更好的武器。

在人体逆向工程方面，我们已经取得了一定的进展。在非常肤浅的层面上，有一些机械、化学或电子模拟来帮助解释我们人体的大部分部件。例如，心脏就像一个液压泵，肌肉就像电化学伺服器，眼睛就像一台摄像机，器官就像微型化工厂，大脑的潜意识部分就像一台计算机，等等。

然而，即使在这些极其简化的术语中，仍然存在一个主要的概念之谜——意识的性质。如果我们的基本假设——现实是由物质和能量组成的——是正确的，那么一定有一种脑细胞模式使我们能够真正"感觉"到活着——感知外部世界、感受情感、坠入爱河、欣赏音乐等。目前，我们根本不知道这种模式是什么。我们还没有任何简单的类比可用。

很可能有一个概念上的突破在等待着某个伟大的研究者，在事后看来这可能是简单而明显的，类似于发现 DNA 的双螺旋结构。这个灵光一现的时刻何时会发生？如果我们以目前的增长趋势推断，那么到 21 世纪 20 年代末，我们在人工智能中所使用的工具包将包括所有涉及人类智能的过程。（例如，参见"雷·库兹韦尔预言未来"，《新科学家》，2006 年 11 月 21 日）。库兹韦尔使用的"奇点"一词指的是当计算机在所有重要方面均超过人类的脑力时可能发生的情况，这个词正逐渐被人们接受。这很可能需要比这更长的时间——2030 年似乎是最早的，至少从明确的突破前景来看。"不朽主义"和"超人类主义"是其他正在使用的术语，但对这一主题的研究还不够，还没有发展出一种可靠的语言来描述它。

因此，这一根本性的突破似乎缺了临门一脚，在几十年内就会发生的前景似乎是可信的。意识的本质肯定是深入研究的主题，而且进展迅速。如果这一突破真实发生时，我们将对人类的身体、思想和灵魂如何工作有一个完整的理解，至少在概念层面上是这样。

当这一发现出现时，可能会有两种结果。第一个结果是，我们发现，通过精确分析我们人类的工作方式，将摧毁我们的人性本身，我们不过是在宇宙中进化的计算机化机器人，而宇宙并不在乎我们作为一个物种是否能生存。我们人类最神圣的情感仅仅是为了帮助我们生存而进化出来的，并且可以被简化为一张与大脑活动相对应的（非常大的）数字表。接下来会发生什么似乎无关紧要，我们很可能会在最后的自我放纵的狂欢中把自己炸飞。

另一种结果是，我们发现可以把自己重新设计成一个新的生命形式，能够拥有更强大的爱和精神力量，并感受到更强大的与宇宙的一体感。摆脱了进化论给我们的限制，我们将拥有能够探索智慧生命的基本能力。

就像虫子无法想象猴子能感受到的情感、猴子无法想象许多人类的情感一样，我们也无法想象取代我们自己的"后人类"会有什么样的情感和精神力量。

我们可以想象我们自己变成后人类的可能性。由生物材料制成的计算机芯片将被植入我们的大脑，计算机将直接与大脑互动，我们将不再需要屏幕和键盘。随着我们对意识如何运作有了更多的了解，我们将在实验室里模拟它。我们将能够增强自己的意识，并通过一种增强的"心灵感应互联网"直接与他人交流。我们将能够把自己的思想和灵魂下载到这个互联网，这个互联网本身将作为一种后人类的原型而变得真正有生命力，所有人都会想要成为它的一部分。整体将大于部分的总和，这第一个后人类将发展出我们还无法想象的品质和能力。

第一个后人类有一个重要的品质可以被可靠地预测——永生。他不需要有老化或死亡的基因，因此可以无限期地存在下去。随着硬件元件的磨损，它们可以被替换。后人类的本质部分将是他们的记忆、知识、情感和行为模式，即他们的软件。这些软件都可以在必要时进行备份和恢复。选择加入的个人可以无限期地保留他们自己的记忆、知识、情感和行为模式，并可以根据需要自由地与"核心"软件互动。通过这种方式，这些个体将获得他们自己的永生，尽管可能只是一个大机器中的小齿轮。我们这些足够年轻的人可能会见证这种后人类的产生，他们或许可以活到时间的尽头。

在这之后会发生什么变得越来越难以猜测。一种可以想象的未来，后人类开始影响整个宇宙，也许建立一种"宇宙互联网"，直到达到后人类影响的极限。

奇点肯定会带来一些基本的伦理挑战，涉及作为人类的基本含义。用工程术语解释人类的想法无疑会让很多人感到反感。类似地，达尔文关于人类不过是高级猴子的说法也让许多维多利亚时代的人感到反感，并导致了教会教学中的重大危机。我们通过改变观点解决了这个问题。我们开始将猴子视为低等人类。同样地，我们可能会认识到，如果人类可以被认为是机器，那么机器也可以拥有人类的特征，甚至有爱的能力。后人类与其说是机器人，不如说是增强的人类。在这种新的视角下，真正的奇迹将被视为这样一个事实：以特定方式组装的物质和能量的集合，可以感受到生命的存在。

可以肯定的一点是，随着时间的推移，实现重大突破的速度呈指数级加快，图 11.7 显示了这一点。

具有相当大可比性的突破被标绘出来，显示了它们发生的时间。概括地说，它们落在对数尺度上的一条直线上，这表明了指数式发展。距离下一个突破的时间正在迅速缩短。例如，从工业革命到个人电脑的发展速度比从智人到农业的发展速度快 1000倍左右。当然，近年来电子技术的飞速发展是史无前例的。如前

图 11.7 对数尺度上的技术发展时间表。（图片来源：雷·库兹韦尔）

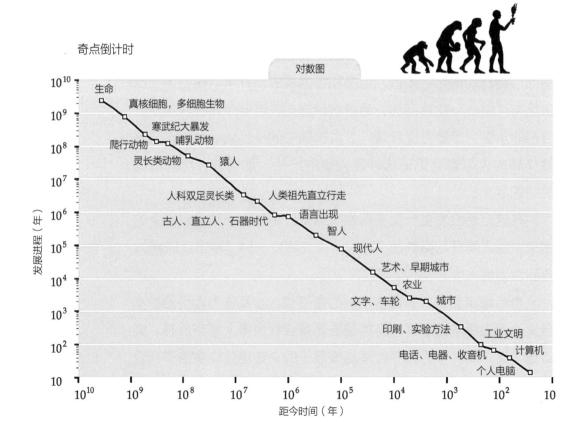

所述，库兹韦尔预测，下一个突破将发生在计算机能力在所有重要方面超过人脑的时候，而且这可能在几十年内发生。他把这个转折点称为"奇点"，而在硅谷已经有一所奇点大学。

因此，根据迄今为止的技术历史推断，21世纪很可能看到我们所知的人类的终结。我们可能要么走向自我毁灭，要么走向更美好的未来。

拓展阅读

Ashford, David: *Space Exploration*, (Hodder and McGraw-Hill, 2013).

Clarke, Arthur C: *Profiles of the Future*, (Gateway, London, 1973 edn).

Dornberger, Walter: *The Rocket-propelled Commercial Airliner*, (University of Minnesota, 1956).

Kurtzweil, Ray: 'Ray Kurzweil predicts the future', *New Scientist*, (21 November, 2006).

Kurtzweil, Ray: *The Singularity is Near*, (Viking, 2006).

第 12 章

技术遗产

基思·福克纳

人类历来认可并尊重取得的技术成就，无论是通过史前时代庆祝狩猎的岩画和洞穴壁画等图像，还是通过对机器的详细描述，如古典时代图拉真纪念柱上的攻城器或中世纪手稿中的踏步式起重机。从文艺复兴时期开始，人们长期关注并收集有趣的技术文物——钟表、武器、科学仪器和模型，以佛罗伦萨的伽利略手工制品的美第奇收藏品为代表；到 19 世纪，开始保护如蒸汽机和机械等更为普通的物品；20 世纪时，随之而来的是对工业遗址和主题景观的保护；到了 21 世纪，以技术和工业为基础的整个文化景观成为世界遗产。

国家对技术物品的关注并提供储存库或博物馆可以追溯到 17 世纪中叶，英国成立了皇家学会，法国成立了科学院，但在 18 世纪，由于前者的办公场所多次搬迁，而后者的政治变迁，很难实现永久收藏。在法国大革命期间，出于对所有科学事物的原始热情，巴黎建立了一个展示"工程奇迹"的中心，该中心在 1794 年成为艺术与工艺博物馆，至今仍是保存科学仪器和发明的国家仓库，1793 年在巴黎郊区的莫东建立了一个军事气球研究中心。

在国际上，技术物品收藏主要的推动力是 1851 年在伦敦举行的万国博览会。展览之后，南肯辛顿博物馆成立，以庆祝工业取得的成就，而专利局博物馆的成立则是为了激励更多的发明。这两处博物馆及其收藏品于 1884 年合并，科学博物馆由此诞生，收藏了阿克莱特的纺纱架、早期的瓦特发动机、斯蒂芬森的火箭和其他工业革命的标志性文物。同样，华盛顿的史密森尼学会在1876年为纪念美国建国100周年的百年国际展览会上展示了美国的技术成果，而在20世纪初，德国科学技术杰作博物馆（德意志博物馆）于1903年在慕尼黑成立，捷克的国家科技博物馆于1908年在首都布拉格成立，维也纳科学与技术博物馆创建于1908年，最终于1918年开业。

第一批铁路博物馆分别于1896年在挪威的哈马尔和1899年在德国的纽伦堡开设，这些都激发了在英国建立类似博物馆的讨论，分别在19世纪90年代和1908年，但当时没有任何结果。1925年斯托克顿和达灵顿铁路开通100周年，1928年在约克开设了伦敦和东北铁路博物馆。较小的展品被安置在旧车站建筑中，而机车车辆和其他大型展品则适当地安置在旧约克和北米德兰铁路的前机车安装和维修车间。当然，许多历史悠久的机车在其他地方被保存了下来，包括最早期的机车，如科学博物馆的"帕芬比利号"和"火箭号"，爱丁堡的"威拉姆迪利号"以及达林顿的"动力号"和"德文特号"。

第一次世界大战后，对保护技术历史方面的关注度大大增加，保护的重点扩大到了遗址。在英国，这推动了1920年纽科门学会关于工程技术的研究，对历史性桥梁、风车和水车进行了全国性的调查，将塞文河铁桥等著名的工业遗址作为古迹进行保护，并在康沃尔郡原地保存了6台早期蒸汽机（见图3.1）。由于早期公众的这种怀旧情绪，在英国有数百个水车和风车被保存下来，世界各地都是如此，国际组织分享了技术专长（见图1.3和图1.4）。

第二次世界大战见证了许多历史悠久的工业遗址的消失和工业的转型。这种损失和变化带来了公众对遗产，特别是工业和技术遗产的新认识。

在英国，20世纪50年代运河和60年代铁路关闭的威胁导致了民众的抗议活动，这使得大部分窄船运河系统得以继续运

图12.1 苏格兰
的福尔柯克轮。
（安格斯·布
坎南）

行，用于休闲和观光（见图6.6）。如今，有3000多处水路遗址被认为具有历史意义，18世纪末英国运河工程的技术进步得到了认可，特基西斯特桥渡槽及其景观被列入世界文化遗产（见图6.4）。同样地，后来的水路工程壮举，如1875年的安德顿升船机，吸引了国家资金用于修复，甚至资助了现代技术奇迹——福尔柯克轮的修复（图12.1），它将福斯和克莱德运河与联合运河在约25米的高度重新连接起来。福尔柯克轮于2002年开放，每年吸引了约40万名游客。

同样，面对20世纪60年代的比钦改革，由于英国人对铁路的热爱使许多小铁路线得以保存，在这些小铁路线上有由爱好者协会运营的超过1000辆蒸汽机车。事实上，在1962年公众对拆除尤斯顿车站及其著名的拱门表示强烈抗议后，国家铁路管理机构的态度发生了彻底的转变，现在许多历史悠久的车站都得到了慎重的现代化改造和修复，而福斯桥——这个钢铁建筑先驱——现在已经成为世界遗产。

公众对纪念航海技术成就的愿望很快就得到了满足。诸如有名的"HMS 胜利号"和"萨克号"因其历史意义而被长期保存下来，最近又加入了都铎王朝的技术奇迹——"玛丽·罗斯号"（见图5.3），现在，诸如布鲁内尔的"SS 大不列颠号"（见图6.7和图6.8）和"HMS 勇士号"（见图5.5）等船只的技术意义也吸引了公众的注意，并延伸至"贝尔法斯特号"等20世纪的战舰和潜艇。现在在朴次茅斯附近的戈斯波特有一个新的博物馆，展示了英国潜艇的发展，而在法国瑟堡的深蓝之城海事博物馆，一艘1971年的核潜艇"可畏号"被保存下来，其反应堆舱被一个新的部分取代，是唯一向公众开放的完整的弹道导弹核潜艇。

全球对远洋客轮时代的兴趣，导致在"玛丽皇后号"退役后被改造成了加利福尼亚州长滩的一个酒店和旅游景点，以及其他纪念著名船只的博物馆，如命运多舛的"瓦萨号"和"泰坦尼克号"。建造和支持军舰舰队的海军船坞和为全球海上贸易服务的港口也被保存下来，其中一些船坞，如查塔姆和朴次茅斯的皇家海军造船厂，现在是受欢迎的公共景点，而利物浦码头则成为海洋主题世界文化遗产的一部分。

20世纪70年代和80年代，数以百计的小型保护信托基金和众多地方当局的博物馆相继成立，致力于保护、展示以及很多情况下操作历史机器和再现工艺。其中最突出的是水力和风力驱动的磨坊和蒸汽机。各种形式的蒸汽机——固定式的和可移动式的——吸引了人们大量的关注。事实上，仅在英国就有超过100个固定的蒸汽机遗址原地保存，展现了150多年来的蒸汽机演变过程，同时还有无数的机车和蒸汽动力车辆以工作状态保存。

在展示固定式蒸汽机发展的重要技术遗址中，有位于埃尔塞纳煤矿的可追溯到1795年的唯一幸存的纽科门蒸汽机，有位于克罗夫顿泵站的为肯尼特和埃文运河供水的最早的康沃尔蒸汽

图 12.2 "瓦萨号", 1628 年首航时沉没, 1961 年被打捞出水, 在斯德哥尔摩展出。(彼得·伊索塔洛)

图 12.3 1812年克罗夫顿泵站的梁式发动机。(维基百科, 克里斯·J.伍德)

机，还有位于邱桥泵站的壮观的早期蒸汽机。这种对蒸汽机的迷恋遍布全球，事实上，有超过 1500 个网站致力于介绍保存完好的固定式蒸汽机。

虽然磨坊和蒸汽机，特别是那些至今仍能够运行的蒸汽机，可能在早期吸引了人们的关注，人们的注意力已经逐渐扩大到了保护采矿、加工和制造场地以及专门的工业博物馆。近年来，在欧洲出现了一个庞大的伞形组织——欧洲工业遗产之路（ERIH），该组织从欧盟资助的一个小型区域试点项目中脱颖而出，发展到横跨整个欧洲大陆。ERIH 现在是一个由其成员资助的独立实体，并被证明是非常成功的，其在地域上大面积扩张，其成员在工业遗产基础设施欠发达的国家很受欢迎。目前，ERIH 在 44 个国家展示了 1000 多个工业或技术遗址，有 77 个锚点、17 条区域路线和 13 条主题路线，包括纺织厂、钢铁、采矿、能源、造纸和制盐。自 1994 年以来，英国遗产彩票基金（HLF）一直是保护技术遗产的一个主要资金来源。在工业、海洋和运输部门，HLF 已经为 3000 多个项目提供了资金，总额超过 10 亿英镑，而这些资金已经撬动了两倍的配套资金。

20 世纪末，联合国教科文组织将工业遗址列入世界遗产名录，这是对技术优势的认可的一次重大飞跃。其中，许多是单个遗址，如瑞典的恩格尔斯堡钢铁厂、阿尔克塞南的皇家盐场和法国的米迪运河。1986 年，英国开创了主题工业景观，率先将铁桥峡谷列为世界遗产，不仅包括著名的桥梁（见图 6.2），还包括遗留的运河和附近的熔炉、工程设施和定居点（见图 3.3）。这一概念在 1999 年出版的《英国世界遗产暂定名录》中得到了进一步的阐述，在英国其他主题景观也入选名录，如德温特河谷、萨尔泰尔和新拉纳克的纺织厂（见图 3.4 和图 10.2）、布莱纳文工业景观（见图 3.5）、利物浦海滨城市和康沃尔采矿景观（见图 3.1）。英国的主题工业景观促使世界各地的类似主题景观被列入世界遗产名录，包括日本

图 12.4 北加莱海峡的采矿盆地，洛斯－恩－戈赫勒的坑口建筑。（维基百科，杰雷米·金特·海因茨·雅尼克）

的富冈丝绸景观、智利的硝石景观和瓦隆尼亚的主要矿区遗址，这些矿区遗址形成了一条长 170 千米、宽 3～15 千米的狭长地带，从东到西穿越比利时。

2012 年，北加莱海峡的采矿盆地被列入世界遗产，主题景观遗址的概念进一步得到发展，因为它具有保护文化传统和具体遗迹的雄心。作为一个在 3 个世纪的煤炭开采过程中形成的景观，该遗址有 109 个独立的部分，包括矿坑、矿渣堆、运输基础设施和采矿城镇及村庄。该遗址见证了从 19 世纪中期到 20 世纪 60 年代对创建模范工人城市的追求，并记录了工人的生活条件和由此产生的团结精神。该遗址在很大程度上也是采矿业技术进步的丰碑和产物——如果不持续使用水泵，大部分景观将因水位的上升而淹没。

将乌拉圭的弗赖本托斯镇和肉类加工厂列为世界文化遗产也是由于类似的愿景。在这里，来自40多个不同国家的移民工人在一个世纪的时间里，在乌拉圭河畔的一块绿地上创造了一个全球化食品工业的无与伦比的景观。

技术遗产的一个特殊挑战是保存不同时期变化的证据。大工业时代的主要产业——煤炭、钢铁、纺织和重型工程——在20世纪中期达到顶峰，但在许多国家已经基本消失。它们被20世纪的技术进步产物所取代，如汽车、飞机、航天和电子工业、服务和休闲业以及食品和饮料业，这些行业也经历了巨大的变化，同样是技术遗产的一部分。它们也被认定为世界文化遗产，阿尔菲尔德的法古斯工厂、现代的佐尔韦林煤矿和荷兰的范内勒工厂建筑群都在最近几年被列入世界文化遗产。

现在有许多致力于这些后期工业的遗址和博物馆，其中突出的是汽车博物馆和航空航天博物馆。全世界有成千上万的车辆被保存下来，在美国排名前20的汽车博物馆里保存有4500多辆，法国雷诺和标致公司的博物馆里保存有1200多辆，英国三大国家汽车博物馆里展出了大约1000辆汽车。大多数汽车博物馆都是现代风格的建筑，但底特律的福特皮格特大道工厂是一座博物馆，其前身是建于1904年的磨坊式汽车工厂，1908年福特T型车在这里被首次开发并制造。1910年1月，在皮格特大道工厂组装了近12000辆T型车后，1913—1914年亨利·福特将汽车生产转移到他的高地公园综合生产厂，在那里他引入了移动装配线，最终生产了1500万辆T型福克斯。

维基百科列出了600多家航空航天博物馆，其中约250家在美国。这些博物馆中有一些历史悠久，甚至早于动力飞行，例如，巴黎附近的查莱斯－默东博物馆是由1877年创建的军事气球机构发展而来的。1932—1934年建造的巨大风洞用于测试翼展达39英尺（12米）的飞机，该风洞在20世纪70年代被用

图 12.5 福特皮格特工厂，（1904 年），底特律。（维基百科）

来测试协和式飞机的比例模型。史密森尼学会的国家航空航天博物馆拥有世界上最大的古董飞机和数量最多的航天器收藏品（见图 11.4），于 1976 年对外开放其主要建筑。2014 年，该博物馆的参观人数约为 670 万，是世界上参观人数第五多的博物馆。位于佛罗里达州的美国空军太空与导弹博物馆也值得注意，包括美国早期太空计划的文物和一个户外火箭花园，展示火箭、导弹和与太空有关的设备，记录了美国空军的发展历程。

在英国，科学博物馆集团由伦敦的科学博物馆、曼彻斯特的科学与工业博物馆、约克的国家铁路博物馆、布拉德福德的国家科学与媒体博物馆和希尔登的国家铁路博物馆组成，致力于关注科学、医学、技术、工业和媒体领域的发展历史和当代实践。该博物馆每年有 500 万参观者，拥有超过 730 万件颇具国际意义的、无与伦比的藏品，声称是全世界最重要的科学和创新博物馆群。

在医学等专业领域，长期以来人们一直将展品视为一种教学资源。例如，爱丁堡皇家外科医学院成立于 1505 年；从 1699 年开始，在"自然和人工之妙"被要求公开之后，博物馆的藏品不断增加。19 世纪，博物馆已经拓展到包括查尔斯·贝尔爵士和约翰·巴克利的杰出收藏。1997 年在利兹开放的斯拉克雷医学博物馆保存了更多的最新展品，使公众能够了解医学发展的故事，该博物馆位于一个维多利亚时期的济贫院，后来成为国家卫

图 12.6 华盛顿特区国家航空航天博物馆的弹道导弹。（维基百科）

生系统的医院。同样，2007年在伦敦成立的惠康收藏馆，展示了不同寻常的医学文物和原创艺术作品，探索"医学、生活和艺术之间联系的绮思"，每年吸引超过50万名游客。科学博物馆的"医学科学与艺术"展厅是世界上最伟大的医学史收藏之一。该展厅有超过5000件物品，目前正在进行大幅扩建。

武器和炸药的技术同样受到世界各地新旧博物馆和保存地的推崇。在英国，皇家军械库除了在伦敦塔的传统馆舍外，还在利兹的一个新博物馆和纳尔逊堡存放有重要的收藏品，纳尔逊堡是一座建于19世纪60年代维多利亚时期的大型防御工事，是朴次茅斯及其重要的皇家船坞周围防御链的一部分。纳尔逊堡是皇家军械库收藏的火炮和古董大炮的所在地，展出了350多门大炮，包括重达200吨的巨大铁路炮。附近，海军火力博物馆位于朴次茅斯港戈斯波特一侧的普里迪哈德的前火药和军火库。

在埃塞克斯郡的沃尔瑟姆修道院，皇家火药厂于1787年在曾经的火药厂旧址上建立的，并在接下来的两个世纪中发展成为政府研究和生产各种炸药的主要场所。1991年退役后，于2000年作为一个公共景点开放，位于占地面积约70.82公顷的公园和树林中，有21座具有重要历史意义的建筑，由两层的内部运河系统建筑组成。

世界各地都有类似的火药生产遗址被保存下来。自1758年成立以来的200多年里，位于弗雷德里克斯瓦尔克的火药厂是丹麦武装部队火药和炸药的主要生产地，这个露天博物馆让人们看到了炸药制造的历史以及丹麦的工业化进程。在美国，哈格利博物馆位于特拉华州威尔明顿的布兰迪河畔，占地约95.10公顷，是伊雷内·杜邦在1802年创建的火药厂的所在地。这个美国早期私营工业的例子包括修复好的19世纪的机械磨坊、工人社区以及杜邦家族的祖屋和花园。

本章对保存下来的技术文物和遗址的简要介绍表明，从最初

的少数学术团体和慷慨的赞助人的兴趣开始，在过去的三个世纪中，对技术遗产的重要性的认识已经取得了长足的进步。现在，博物馆和遗址数以千计遍布全球，由政府提供部分资金，并从数以百万计的游客那里获得收入。凭借专业的国际网络、实践准则、复杂的保护伦理和技术，以及持续不变的追求，技术遗产保护已经成为一个独立的行业和技术。

图 12.7　沃尔瑟姆修道院的皇家火药厂，蒸汽驱动的合并磨坊。（《地理》，克莉丝汀·马修斯）

作者简介

大卫·阿什福德

　　大卫·阿什福德是布里斯托尔航天飞机有限公司的总经理，这是一家开发"攀登者号"航天飞机的创新型小公司。他毕业于帝国理工学院航空工程专业，并在普林斯顿大学读研时做了一年的火箭发动机研究。从 1961 年开始，他的第一份工作是在霍克·西德利航空公司的航天飞机设计团队。此后，他作为空气动力学家、项目工程师和项目经理参与了各种航空航天项目，包括 DC-8、DC-10、协和式飞机、云雀探空火箭，以及道格拉斯飞机公司和现在的 BAE 系统公司的各种海军导弹和电子战斗系统。他与帕特里克·柯林斯教授共同撰写了第一本关于太空旅游的书籍《你的太空飞行手册：如何在 20 年内成为一名太空游客》（1990 年），并写了一本续作《太空飞行革命》（2002 年）。他的最新著作是《太空探索：所有重要的东西》（2013）。他曾在专业期刊上发表过大约 20 篇关于太空运输的论文。

迈克·博恩

　　迈克·博恩在威尔士大学、雷丁大学和巴斯大学学习历史、教育和管理。他职业生涯的大部分时间是在后义务教育阶段，最后在一家政府机构工作，专门负责公司治理、战略管理、质量和标准，教授工商管理硕士（MBA）课程，并评估管理方面的企业行政管理职业资格（NVQs）。

　　自 20 世纪 70 年代初以来，博恩一直活跃在工业遗产的研究和保护领域，是工业考古学协会、布里斯托尔工业考古学会和阿文工业建筑信托有限公司的前任主席，也是遗产联盟、遗产彩票基金和英国遗产的顾问小组和倡导团体的成员。他目前是布里斯托尔工业考古学会和阿文工业建筑信托有限公司的主席，啤酒历史协会和布里斯托尔市议会保护咨询小组的委员会成员，巴斯大学技术历史研究单位的成员，巴斯大学的客座研究员和前罗尔特研究员。

他在工业考古方面的著作涵盖了关于德文郡、多塞特郡、莱斯特郡以及后来的布里斯托尔和巴斯地区。他是英国遗产组织西南考古研究框架中的后中世纪、工业和现代时期的召集人和参与者。最近出版的著作包括对布里斯托尔地区的戈弗雷版地图再版的评论（与蒂姆·埃奇尔合作）和为《在多塞特酿造》（2016）撰写的评论。

安格斯·布坎南

安格斯·布坎南是巴斯大学技术史的名誉教授。1930年出生于谢菲尔德，在谢菲尔德的高斯托尔斯文法学校就读。在剑桥大学的圣凯瑟琳学院获得了历史学学士学位，随后又获得了文学硕士和博士学位。他曾担任布里斯托尔工业考古学会、工业考古学协会、纽科门工程技术史学会以及国际技术史委员会的主席。布坎南教授还曾担任美国特拉华大学的客座讲师，堪培拉澳大利亚国立大学的客座研究员，中国武汉理工大学的客座讲师，瑞典哥德堡查尔默大学的客座教授。他的著作包括《英国工业考古学》（1972年），《机器的力量》（1992年），《工程师：英国工程职业的历史》（1989年），《布鲁内尔：I.K.布鲁内尔的生活和时代》（2002）。布坎南教授因对技术史的贡献于1992年被授予大英帝国勋章。

布伦达·布坎南

布伦达·布坎南，理学学士、经济学博士（伦敦大学），布坎南博士自 1987 年以来一直是巴斯大学技术史研究中心的客座研究员。

布坎南主要研究火药的历史和技术。她参编了《火药：一项国际技术的历史》（1996 年）和《火药、炸药和国家：技术发展史》（2006 年）。她还应邀为布雷特·D. 斯蒂尔和塔梅拉·多兰·爱德斯编著的《阿基米德的继承人：启蒙时代的科学和战争艺术》（2005 年）和布伦达·布坎南等编写的《火药阴谋》（2005 年）撰稿。在国际技术史委员会的艾肯（ICON）杂志上发表的关于这一主题的三篇文章中，最近的一篇是在第 20 卷（2014 年），题目是"国际技术史委员会的火药研究"。多年来，她在国家和国际层面探索和建立这个主题，现在她专注于自己的研究。

基思·福克纳

基思·福克纳自 20 世纪 60 年代末以来一直从事工业遗产的研究。在爱丁堡大学获得硕士学位后，在赫尔大学进行了 3 年的工业遗迹景观研究。1971 年，他被任命为英国考古委员会（CBA）工业遗迹调查官员，负责确定英国各地的工业历史遗迹并加以保护。他在巴斯大学的技术史研究中心工作，1981 年调到英格兰历史遗产皇家委员会担任工业考古学负责人。1999 年历史遗产皇家委员会与英国遗产委员会合并后，他继续担任这一职务，直到2012 年退休。

他是《英格兰工业遗产指南》和《斯温登：一个铁路小镇的遗产》的作者。他还撰写了许多关于工业遗产管理的文章。自1998 年以来，他参与了许多世界工业遗产地的开发，并就欧洲工业遗产向欧洲委员会提供咨询。他是运河信托基金会遗产咨询小组的成员，也是工业考古协会的前任主席和巴斯大学的客座研究员，他在2013年因对工业遗产的贡献被授予大英帝国勋章。

理查德·哈维

理查德·哈维是布里斯托尔的一名荣誉顾问医生。他在伦敦的米德尔塞克斯医院的医学院接受培训。在临床医学方面做了一系列的工作后，他在米德尔塞克斯中央医院的医学研究委员会胃肠病学组工作，然后在米德尔塞克斯医院的核医学研究所工作。1971年，他搬到布里斯托尔，在布里斯托尔大学的医学学术单位工作，就在布里斯托尔皇家医院里。

1976年，他成为布里斯托尔弗兰西凯医院肠胃科的顾问医生，同时也是布里斯托尔大学医学的临床高级讲师，继续从事临床工作、教学和研究。他撰写了100多篇科学论文和两本书:《临床胃肠病学和肝脏病学》和《基础胃肠病学》，这两本书都是与A.E.瑞德教授合著的。

斯蒂芬·琼斯

斯蒂芬·琼斯是土木工程师协会（ICE）历史工程小组的威尔士成员和链桥分小组召集人，也是ICE的会员。

琼斯的专业背景是研究经济发展，后来在威尔士发展局工作，专门负责新技术和创新项目。在借调到土木工程师协会威尔士移民与保护委员会之后，他现在担任工程遗产顾问。工业和工程历史是他长期以来的兴趣所在，斯蒂芬喜欢就这个主题进行写作和演讲，特别是关于布鲁内尔的作品。2005年，他的《布鲁内尔在南威尔士》的三部曲中的第一部出版了，并在2009年完成。斯蒂芬是斯旺西大学的客座讲师，也是巴斯大学技术史研究小组的成员。

罗宾·莫里斯

　　罗宾·莫里斯博士在电子工业领域度过了漫长的职业生涯，曾在英国和美国公司担任半导体工程师，之后在南安普顿高等教育学院系统和通信工程系担任高级讲师。莫里斯博士于 1962 年获得了南安普顿学院的通信工程和电子学文凭，并于 1968 年被选为特许工程师。后来，他获得了开放大学的历史学学士学位，之后获得了巴斯大学的哲学硕士学位，接着又获得了开放大学的博士学位。随后，他被任命为巴斯大学的罗尔特研究员，成为一名客座研究员。1990 年，他出版了《世界半导体工业史》（彼得 - 佩雷格里努斯有限公司），这是由电气工程师协会编写的系列中的第 12 卷。他现在已经退休。

贾尔斯·理查森

　　贾尔斯·理查森是牛津大学海洋考古中心的一名博士生。他毕业于杜伦大学的古代历史和考古学专业，并在南安普顿大学完成了海洋考古学的硕士学位。他的研究兴趣包括海战和古代航海技术的考古学。他曾作为野外考古学家在欧洲和中东地区工作，包括在罗马的英国学校工作了一年。他目前是一个英法考察团的成员，在沉没的埃及城市赫拉克利昂 - 托尼斯进行考古挖掘，并定期对英国海岸线附近的沉船进行调查。

欧文·沃德

　　欧文·沃德是布里斯托尔工业考古学会和国际莫林学会的长期成员。1990 年，他从巴斯大学人文和社会科学学院的行政职位上退休，并被任命为技术史研究组的客座研究员。他对磨石的生产历史感兴趣，特别是对法国生产或销售的法国毛刺石，他还研究了当地磨石工业的历史，如造纸和早期纺织品制造。